MIT ARBEITSHILFEN ONLINE

Exklusiv und kostenlos für Buchkäufer!

Ihre Arbeitshilfen online:

- Gesprächsleitfäden
- Checklisten
- Formulare und Protokollmuster
- Übersichten

Und so geht's:

- einfach unter www.haufe.de/arbeitshilfen den Buchcode eingeben
- Oder direkt über Ihr Smartphone bzw. Tablet auf die Website gehen

Buchcode: 724-N8F2

www.haufe.de/arbeitshilfen

Mitarbeitergespräche erfolgreich führen

Mitarbeitergespräche erfolgreich führen

Einzelgespräche, Meetings, Zielvereinbarungen und Mitarbeiterbeurteilungen

Wolfgang Mentzel
Svenja Grotzfeld
Christine Haub

10. Auflage

Haufe Gruppe
Freiburg · München

Bibliographische Information der Deutschen Nationalbibliothek
Die Deutsche Nationalbibliothek verzeichnet diese Publikation in der Deutschen Nationalbibliographie; detaillierte bibliographische Daten sind im Internet über http://www.dnb.de abrufbar.

Print: ISBN: 978-3-648-03157-5	Bestell-Nr.: 04230-0010
EPUB: ISBN: 978-3-648-03158-2	Bestell-Nr.: 04230-0102
EPDF: ISBN: 978-3-648-03159-9	Bestell-Nr.: 04230-0152

Mentzel/Grotzfeld/Haub
Mitarbeitergespräche erfolgreich führen
10. Auflage 2012

Redaktionsanschrift: Fraunhoferstraße 5, 82152 Planegg/München
Telefon: (089) 895 170
Telefax: (089) 895 17290
www.haufe.de
online@haufe.de
Produktmanagement: Ulrich Leinz
Redaktion: Lektoratsbüro Peter Böke, 10825 Berlin
Satz: Reemers Publishing Services GmbH, 47799 Krefeld
Umschlag: RED GmbH, 82152 Krailing
Druck: Schätzl Druck, 86604 Donauwörth

Inhaltsverzeichnis

Vorwort

Das Mitarbeitergespräch ist ein unerlässliches Instrument einer zeitgemäßen Personalführung. Es ist das wichtigste Verständigungsmittel zwischen dem Vorgesetzten und seinen Mitarbeitern. Eine vertrauensvolle Zusammenarbeit ist nur möglich, wenn die anstehenden Aufgaben und Probleme in gemeinsamen Gesprächen geklärt werden. Als Anlass kommen alle aus der Zusammenarbeit zwischen Vorgesetzten und Mitarbeitern entstehenden Gesprächssituationen in Frage. Außer den verschiedenen Formen des Gesprächs mit dem einzelnen Mitarbeiter wird wegen seiner zunehmenden Bedeutung auch das Teamgespräch behandelt.

Neben Hinweisen zur Vorbereitung und Durchführung von Mitarbeitergesprächen enthält dieses Buch Leitfäden und Checklisten für die wichtigsten Gesprächsanlässe. Die Regeln zur Gesprächsvorbereitung und -durchführung sind zwar auf das Mitarbeitergespräch zugeschnitten, sie gelten aber grundsätzlich auch für andere Gesprächssituationen.

Eines der wichtigsten Mitarbeitergespräche ist das Zielvereinbarungsgespräch. Über die Regeln und Hilfen zur Gesprächsführung hinaus wird das Führungsinstrument Zielvereinbarung in einem eigenen Kapitel ausführlich dargestellt.

Ein weiteres vielseitig genutztes Instrument der Personalführung ist die Mitarbeiterbeurteilung. Sie bildet die Grundlage für zahlreiche weitere Personalentscheidungen (Personaleinsatz, Höhe des Entgelts, Förderung und Weiterbildung der Mitarbeiter). Dieses Buch enthält die wesentlichen Bausteine der Mitarbeiterbeurteilung, sodass der Leser sein eigenes System daraus ableiten kann.

Aus rechtlicher Sicht müssen beim Mitarbeitergespräch das Betriebsverfassungsgesetz und das Allgemeinen Gleichbehandlungsgesetzes (AGG) beachtet werden.

Alle Leserinnen bitten wir um Verständnis, dass trotz des AGG aus Platzgründen die Ausführungen überwiegend in männlicher Form gehalten sind.

Wolfgang Mentzel, Svenja Grotzfeld, Christine Haub

1 Mitarbeitergespräche als Teil der Personalführung

Die Mitarbeiterführung ist eine unerlässliche Teilaufgabe eines jeden Vorgesetzten, gleichgültig, welcher hierarchischen Ebene er angehört. Als Mitarbeiterführung wird die Art und Weise bezeichnet, wie Führungskräfte den Umgang mit ihren Mitarbeitern gestalten, um Ziele durchzusetzen und die Betriebsaufgabe zu erfüllen.

Die Gesamtaufgabe eines Vorgesetzten umfasst *zahlreiche Teilaufgaben*, die sich in zwei Gruppen zusammenfassen lassen. Die eher sachbezogenen Aufgaben (= sachliche Führungsaufgaben) ergeben sich direkt aus der Betriebsaufgabe. Die mitarbeiterbezogenen Aufgaben (= personelle Führungsaufgaben) ergeben sich aus der Tatsache, dass die Erfüllung von Sachaufgaben nur unter Beteiligung von Menschen vollzogen werden kann. Wem aber Menschen unterstellt sind, der hat die Pflicht, die daraus erwachsenden Aufgaben wahrzunehmen.

Die arbeitsplatzabhängigen Sachaufgaben werden in der Regel ausreichend wahrgenommen. Darauf wird in der Ausbildung und im Studium auch vorbereitet. Dagegen wird der für die Zufriedenheit und Motivation der Mitarbeiter so wichtige Bereich der Mitarbeiterführung häufig vernachlässigt.

! **WICHTIG**

Das wichtigste Instrument der Mitarbeiterführung ist das regelmäßige Mitarbeitergespräch. Es dient der Verbesserung des Vorgesetzten-Mitarbeiter-Verhältnisses, fördert Offenheit und gegenseitiges Verständnis und erleichtert die Zusammenarbeit. Gute Mitarbeiter erwarten, dass der Vorgesetzte mit ihnen spricht: über ihre Ziele, ihre Aufgaben, ihre Leistungen, ihre Stärken und ihre Schwächen.

Leider finden Mitarbeitergespräche viel zu selten statt. Aus Mitarbeitersicht werden insbesondere drei Hauptversäumnisse der Vorgesetzten genannt:

- zu wenig Zeit,
- zu wenig Information,
- fehlerhafte Kritik.

Auch die über die drei Hauptvorwürfe der folgenden Negativliste hinausgehenden Punkte zeigen, dass viele Probleme durch *regelmäßige Information und Gespräche* lösbar wären.

Mitarbeiterbefragung: **Fehlverhalten der unmittelbaren Vorgesetzten aus Sicht der Mitarbeiter**
▪ Die Vorgesetzten haben zu wenig Zeit ▪ Es wird zu spät oder nicht ausreichend informiert ▪ Falsche Form der Kritik (unsachlich; öffentlich; es wird nur das Negative gesehen) ▪ Zu wenig Förderung/Weiterbildung (keine Aufstiegschancen) ▪ Die Vorgesetzten sind zu überheblich ▪ Keine Mitsprachemöglichkeiten bei Änderungen ▪ Fehlende oder unzureichende Ein- und Unterweisung ▪ Hektik, Termindruck, Stress ▪ Unklare Anweisungen ▪ Zu wenig Kontakt mit den Mitarbeitern ▪ Mangelndes Verständnis für Probleme der Mitarbeiter ▪ Mangel an Autorität ▪ Die Vorgesetzten können nicht zuhören

Tab. 1.1: Fehlverhalten der Vorgesetzten aus Sicht der Mitarbeiter

Die Aufgabengebiete sämtlicher Mitarbeiter im Unternehmen sind derart miteinander verwoben, dass Schnittstellen nur durch eine gute Kommunikation reibungslos funktionieren können. Darüber hinaus werden die Mitarbeiter immer selbstbewusster und engagierter, setzen sich mit viel Verantwortungsbewusstsein für ihre Aufgaben ein und wollen im Gegenzug dann auch am betrieblichen Geschehen beteiligt werden.

Damit ist das Gespräch mit den Mitarbeitern einerseits Selbstzweck, andererseits Vehikel für eine *Vielzahl von Führungsaufgaben*, wie z. B.:

- Ziele vereinbaren,
- delegieren und koordinieren,
- motivieren,
- kontrollieren,
- Leistungen beurteilen,
- Anerkennung und Kritik aussprechen.

TIPP

Sprechen Sie mit Ihren Mitarbeitern und fragen Sie nach deren Meinung. So setzen Sie sich mit der Realität auseinander, vermindern das Risiko von Fehleinschätzungen und erzielen echte Problemlösungen.

Zwei besonders wichtige Gesprächsanlässe sind die Vereinbarung von Zielen und die Beurteilung der Leistungen der Mitarbeiter.

In den 70er und 80er Jahren des vergangenen Jahrhunderts sind unter der Bezeichnung „Management by" zahlreiche Führungstechniken aufgekommen oder altbewährte Methoden unter einem neuen klangvollen Namen erschienen. Management-by-Techniken sind konkrete Führungstechniken, die den Manager bei der Ausübung seiner Führungstätigkeit unterstützen sollen. Sie ermöglichen die selbständige und eigenverantwortliche Bearbeitung einzelner Arbeitsgebiete und bieten einen Rahmen zur Ermittlung der Leistung der Mitarbeiter und der Vorgesetzten. Sie behandeln zumeist jeweils einen speziellen Aspekt der Führungstätigkeit (z. B. Delegation) und stellen seine Auswirkungen auf die gesamte Managementtätigkeit sowie die Organisation dar.

Die meisten dieser Management-by-Konzepte betrachten lediglich einen Teilbereich der Mitarbeiterführung; ein umfassendes Führungskonzept ist nur beim Management-by-objectives verwirklicht. Grundlage dieses Modells ist die Zielvereinbarung zwischen Vorgesetztem und Mitarbeiter, in der Aufgaben, Entscheidungskompetenz, aber auch Erwartungen an die Leistung des Mitarbeiters klar definiert sind. Die Zielvereinbarung bildet die Basis für regelmäßiges Feedback durch den Vorgesetzten bzw. für die offizielle Mitarbeiterbeurteilung. Wegen seiner Bedeutung wird das Führen mit Zielen ergänzend zum eigentlichen Zielvereinbarungsgespräch in Kapitel 5 dargestellt.

Ein Gespräch über die Leistungen der Mitarbeiter sowie deren Stärken und Schwächen verlangt nach zuverlässigen Grundlagen. Die notwendigen Informationen liefert ein faires und transparentes System der Mitarbeiterbeurteilung. Die Mitarbeiterbeurteilung bildet wiederum in vielen Fällen den Ausgangspunkt für weitergehende Personalentscheidungen (Beförderungen, Weiterbildung, Bildung von Arbeitsgruppen ...). Sie wird in Kapitel 6 ausführlich behandelt.

Mitarbeitergespräch, Zielvereinbarung und Mitarbeiterbeurteilung sind entscheidende Instrumente einer erfolgreichen Personalführung. Bei der Bedeutung dieser Instrumente ist es erstaunlich, dass viele Vorgesetzte nur selten Gespräche mit ihren Mitarbeitern führen. Der oft genannte Zeitmangel ist sicherlich nur ein Grund. Tatsächlich ist es aber vielfach auch das Unbehagen:

- Das Mitarbeitergespräch ist nicht in allen Punkten planbar;
- wer mit seinen Mitarbeitern Ziele vereinbart, muss sich zunächst über die eigenen Ziele Klarheit verschaffen;
- die Beurteilung zwingt, auch unangenehme Dinge auszusprechen.

In dieser Hinsicht sollen die nachfolgenden Ausführungen Abhilfe schaffen, praxisnahe Unterstützung bieten und Sicherheit vermitteln für zukünftige Mitarbeitergespräche.

2 Die Grundlagen

Kommunikation, die im direkten Zusammenhang mit der Erledigung der Arbeit steht, wie z. B. laufende Arbeitsanweisungen des Vorgesetzten oder das Einholen einer kurzen Information durch den Mitarbeiter, um im Arbeitsprozess voranzukommen, fallen im Rahmen dieser Ausführungen nicht unter den Begriff Mitarbeitergespräch. Vielmehr geht es um besondere Anlässe oder Themen, die den Vorgesetzten und den Mitarbeiter veranlassen, sich zusammenzusetzen und ihre Meinungen auszutauschen.

2.1 Was genau ist ein Mitarbeitergespräch?

Zum Mitarbeitergespräch zählen alle Gespräche zwischen Vorgesetzten und ihren Mitarbeitern, die über die routinemäßige Alltagskommunikation hinausgehen.

Zusätzlich wird der Begriff Mitarbeitergespräch durch folgende Merkmale verdeutlicht:

- Mitarbeitergespräche können sowohl zu regelmäßigen, geplanten Terminen (z. B. Beurteilungs- oder Fördergespräche) als auch anlassbezogen (z. B. Feedbackgespräche) stattfinden.
- Mitarbeitergespräche werden i. d. R. vom direkten Vorgesetzten geführt. Nur in Ausnahmefällen wird diese Aufgabe vom nächsthöheren Vorgesetzten oder von Mitarbeitern der Personalabteilung wahrgenommen.
- Mitarbeitergespräche sind zumeist Vier-Augen-Gespräche. In Einzelfällen (z. B. bei Gesprächen mit disziplinarischem Inhalt) kann es vorkommen, dass der Vorgesetzte oder der Mitarbeiter eine weitere Person zum Gespräch hinzuzieht (z. B. ein höherer Vorgesetzter, ein Mitarbeiter der Personalabteilung, ein Mitglied des Betriebsrates). In bestimmten, vom Gesetz genannten Fällen kann der Mitarbeiter die Teilnahme eines Betriebsratsmitglieds verlangen (§ 82 Abs. 2 BetrVG).
- Mitarbeitergespräche haben immer einen bestimmten Sachinhalt und eine Zielsetzung (vgl. die folgende Liste). Damit unterscheiden sie sich deutlich von der reinen Unterhaltung, die ausschließlich der Kontaktpflege zum Mitarbeiter dient.

Mit Blick auf diese Inhalte wird auch deutlich: Mitarbeitergespräche sind Führungsaufgaben und daher nicht delegierbar. Allenfalls können Teile der Gesprächsvorbereitungen, wie z. B. das Zusammentragen und Aufbereiten von Informationen oder das Organisieren von Besprechungsräumen, von anderen Mitarbeitern wahrgenommen werden.

Anlässe und Themen von Mitarbeitergesprächen
▪ Ziele vereinbaren
▪ Beurteilungen besprechen
▪ Entwicklung und Förderung der Mitarbeiter
▪ Jahresgespräche
▪ Einführung in die Betriebsgemeinschaft
▪ Gute Leistungen anerkennen
▪ Unzureichende Leistungen kritisieren und verbessern
▪ Fehlzeitengespräch/Rückkehrgespräch
▪ Klärung disziplinarischer Fragestellungen/Abmahnungen
▪ Kündigungs- und Trennungsgespräche
▪ Abgangsgespräche
▪ Sachaufgaben besprechen
▪ Kompetenzen und Verantwortung übertragen (Delegation)
▪ Kenntnisse und Fertigkeiten an die Mitarbeiter weitergeben
▪ Unterstützung bei persönlichen Problemen des Mitarbeiters
▪ Vorstellungsgespräche

Tab. 2.1: Anlässe und Themen von Mitarbeitergesprächen

Abweichend von der vorstehenden Definition wird der Begriff Mitarbeitergespräch teilweise auch in einem engeren Sinn verwendet. Manche Betriebe bezeichnen damit nur ganz bestimmte, in festem, meist jährlichen Turnus stattfindende Gespräche (z. B. das Jahresmitarbeitergespräch). Der Inhalt solcher Gespräche ist zumeist die Festlegung von Zielen für die nächste Periode, häufig auf der Grundlage der Mitarbeiterbeurteilung. Diese Gruppe von Gesprächen macht nur einen Teil dieses Buches aus (vgl. Seite 70 ff.). In manchen Betrieben wird neuerdings der Begriff Mitarbeitergespräch an Stelle des Begriffs Mitarbeiterbeurteilung verwendet.

Vom Gespräch mit dem einzelnen Mitarbeiter sind die Mitarbeiterbesprechung und das Teamgespräch zu unterscheiden, die der Vorgesetzte mit einer Gruppe von Mitarbeitern führt. Gespräche im Team sind sinnvoll und notwendig, wenn Vorgänge und Probleme besprochen werden, die mehrere Mitarbeiter betreffen. Dazu zählen z. B. die Planung oder Änderung von Arbeitsabläufen, aber auch Schwierigkeiten im zwischenmenschlichen Bereich. Für die Gestaltung und Lösung solcher Probleme sind die Vorschläge und Meinungen aller Teammitglieder erforderlich. Das Teamgespräch wird in Kapitel 4 behandelt.

2.2 Asymetrie: Was an Mitarbeitergesprächen so besonders ist

Die allgemeinen Regeln der Gesprächsführung gelten auch für Mitarbeitergespräche. Allerdings müssen beim Mitarbeitergespräch wegen der besonderen Vorgesetzten-Mitarbeiter-Situation einige zusätzliche Aspekte beachtet werden.

BEISPIEL

Der Vorgesetzte sagt zu seinem Mitarbeiter: „Hier ist Ihnen ein Fehler unterlaufen; überarbeiten Sie den Bericht bitte noch einmal." Ein Vorgesetzter kann das so formulieren. Es ist jedoch kaum vorstellbar, dass der Mitarbeiter in der gleichen Weise mit seinem Vorgesetzten reden würde, obwohl es sich hierbei um eine recht neutrale Sachaussage handelt.

Sowohl beim Vorgesetzten als auch beim Mitarbeiter kommt immer das Wissen um die bestehenden Rangunterschiede hinzu. Die Kommunikationsliteratur spricht von einer *asymmetrischen Beziehung*. Daran ändert sich auch nichts, wenn sich immer mehr Vorgesetzte um einen partnerschaftlichen (kooperativen) Führungsstil bemühen. Beiden Partnern ist immer bewusst, dass der Vorgesetzte aufgrund der Machtverteilung Entscheidungen treffen kann, die der Mitarbeiter akzeptieren muss. Das kann im Mitarbeitergespräch zu negativen Auswirkungen führen:

- Die Mitarbeiter haben möglicherweise Hemmungen, alle Gedanken offen auszusprechen.
- Mitarbeiter schweigen, wenn sie abweichende Auffassungen haben, um nicht widersprechen zu müssen oder formulieren ihre Beiträge insgesamt vorsichtiger.
- Das Gespräch hat nur Alibifunktion, da der Vorgesetzte seine Entscheidung bereits getroffen hat.
- Vorgesetzte halten Monologe und lassen es erst gar nicht zu einem echten Meinungsaustausch kommen.
- Die Mitarbeiter werden durch suggestive Formulierungen veranlasst, die Meinung des Vorgesetzten zu übernehmen.

TIPP

Berücksichtigen Sie immer die Besonderheiten des Mitarbeitergespräches. Verleugnen Sie nicht die hierarchische Position, die Sie gegenüber Ihrem Ge-

sprächspartner einnehmen. Auch der Mitarbeiter wird diese nicht aus den Augen verlieren.

Auch wenn die Initiative für ein Mitarbeitergespräch von beiden Seiten ausgehen kann, so tragen Sie als Vorgesetzter eine besondere Verantwortung für eine erfolgreiche Gesprächsführung.

Konkret bedeutet dies:

- Nehmen Sie sich Zeit für die Anliegen Ihrer Mitarbeiter. Bringen Sie im Gespräch die notwendige Geduld auf, um den Mitarbeiter ausreichend zu Wort kommen zu lassen.
- Unterstützen Sie Ihre Mitarbeiter, wenn diese ihr Anliegen vortragen, z. B. durch aktives Zuhören oder den Einsatz von Fragetechniken.
- Greifen Sie die Vorschläge, Bedenken und Sichtweisen Ihrer Mitarbeiter auf, und setzen Sie sich mit diesen auseinander.
- Kein Gespräch ohne Ergebnis! Treffen Sie mit Ihren Mitarbeitern Vereinbarungen und achten Sie auf deren Umsetzung.

Richtig geführte Mitarbeitergespräche bringen für Vorgesetzte und Mitarbeiter eine Reihe von Vorteilen mit sich:

- Die Kommunikation über die sachlichen Aufgaben wird gefördert. Probleme (z. B. in der Projektabwicklung) schiebt der Mitarbeiter nicht lange vor sich her, sondern bespricht diese mit dem Vorgesetzten und gelangt so zu einer raschen Lösung.
- Diese Art der Zusammenarbeit fördert das Vertrauen zwischen Vorgesetztem und Mitarbeiter:
  - durch die gegenseitige Information versteht man die Situation und Sichtweise des anderen besser und kann diese leichter nachvollziehen,
  - Missverständnisse und Vorurteile werden abgebaut,
  - Gerüchte werden vermieden,
  - Hierarchieebenen werden überwunden, das Wir-Gefühl und eine partnerschaftliche Zusammenarbeit werden gefördert.
- Die Mitarbeiter werden besser am betrieblichen Geschehen beteiligt und werden dieses Vertrauen mit Engagement und Übernahme von Verantwortung quittieren.

2.3 Vier Kommunikationsmodelle, die Sie kennen sollten

Eigentlich scheint Kommunikation ganz einfach zu sein: Einer sagt etwas und geht davon aus, dass der andere es genauso versteht. Dies ist leider nicht immer der Fall; die Realität sieht ganz anders aus. Das Verständnis zwischen zwei Gesprächspartnern kann durch zahlreiche Hindernisse beeinträchtigt werden.

TIPP: Sprechen und verstehen sind nicht notwendig eins

Denken Sie immer daran: Eine Nachricht ist nicht das, was der Sprecher sagt, sondern das, was beim Empfänger ankommt und verstanden wird.

Wer die nachfolgend beschriebenen vier Kommunikationsmodelle beachtet und sich die darin bezeichneten Fallen aber auch Chancen bewusst macht, hat bereits den Grundstein für eine erfolgreiche Gesprächsführung gelegt.

Modell 1: Das erweiterte Kommunikationsmodell

Kommunikation besteht zunächst immer aus drei Faktoren:

- dem Sender,
- dem Empfänger und
- der eigentlichen Nachricht.

Probleme entstehen oft *bei der Übermittlung der Nachricht*, denn der Sender „verpackt“ die Nachricht mit seinem persönlichen Zeichenvorrat. Das können verbale und nonverbale (körpersprachliche) Aussagen sein. Der Empfänger greift beim „Auspacken“ der Nachricht seinerseits auf seinen eigenen Zeichenvorrat zurück, ebenfalls wieder verbal und nonverbal.

Unklarheiten und Missverständnisse entstehend immer dann, wenn Sender und Empfänger unterschiedliche Zeichen benutzen. Und dies ist nicht die Ausnahme, sondern die Regel. Sie entstehen, weil z. B.

- Fremdwörter oder Fachbegriffe benutzt werden, die der Gesprächspartner möglicherweise nicht kennt,
- man sich unklar ausdrückt, so dass der Gesprächspartner gedanklich nicht mehr folgen kann,

- weil Wörter mit mehreren Bedeutungen verwendet werden,
- Informationen und Vorerfahrungen vorausgesetzt werden, mit denen sich der Gesprächspartner nur wenig oder gar nicht auskennt.

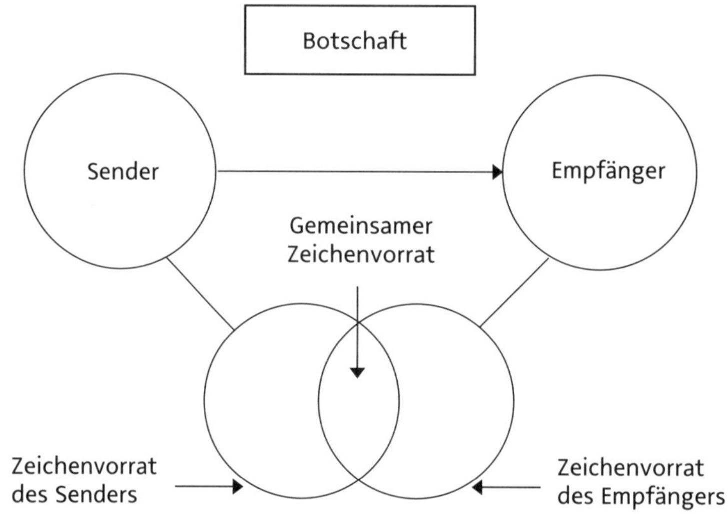

Abb. 2.1: Das erweiterte Kommunikationsmodell

! WICHTIG: Gemeinsamen Zeichenvorrat erhöhen

Durch aktives Zuhören, Nachfragen und gegenseitige Rückmeldung (Feedback) sollten Vorgesetzter und Mitarbeiter dazu beitragen, den gemeinsamen Zeichenvorrat kontinuierlich zu erhöhen. So nimmt die Klarheit über das Gesagte immer stärker zu und Fehlinterpretationen werden vermieden.

Kommunikation ist also mehr als nur das gesprochene Wort. Nach der Theorie von Paul Watzlawick *kann man nie nicht kommunizieren.* Auch schweigen, sich umdrehen und weggehen beinhaltet für den Gesprächspartner eine Nachricht.

Neben dem gesprochenen Wort sind auch noch Mimik, Gestik, Körperhaltung, Sprechweise usw. an der Kommunikation beteiligt. Diese werden unter dem Begriff nonverbale Kommunikation zusammengefasst. Sie können ebenso wie die verbale Kommunikation zu einer Reihe von Missverständnissen führen:

BEISPIEL

- Bedeutet das Lächeln meines Gegenübers Zustimmung oder Ironie?
- Ist mein Gesprächspartner ein verschlossener Mensch, nur weil er beim Gespräch die Arme verschränkt?
- Bedeuten die übereinander geschlagenen Beine Ablehnung?
- Steckt der Partner die Hände aus Unsicherheit oder Lässigkeit (oder fehlender Kinderstube) in die Tasche?

Modell 2: Vier Ebenen einer Nachricht

Schulz von Thun unterscheidet im Kommunikationsprozess zwischen Sach- und Beziehungsebene, Selbstoffenbarung und Appell. So entsteht das Bild vom „vierohrigen Sender und Empfänger". Probleme im Kommunikationsprozess entstehen, weil

- je nach Tonfall, der Empfänger die Nachricht anders übersetzt als sie eigentlich gemeint war und dann entsprechend reagiert und/oder
- beim Empfänger ein bestimmtes „Ohr" dominiert.

Sender	Vier Ebenen einer Aussage	Empfänger
Die reine Sachinformation, die ich weitergebe.	Sachinhalt	Die reine Sachinformation, die ich erfahre.
Informationen über mich selbst. Was ich glaube zu wissen und zu können. Was ich – bewusst oder unbewusst – über mich selbst preisgebe.	Selbstoffenbarung	Was der Sender über sich selbst preisgibt. Hintergründe, die der Sender mit der Nachricht gemeint und gewollt hat.
Welche Beziehung ich zum Empfänger habe, z. B. Wert-/Geringschätzung, Bevormundung, Über-/Unterordnung.	Beziehung	Wie sich der Sender mir gegenüber verhält, wie er mit mir spricht.
Wozu ich den Empfänger veranlassen will, was er tun oder unterlassen soll.	Appell	Zu was mich der Sender veranlassen will. Was ich tun, denken, fühlen soll.

Tab. 2.2: Vierohriger Sender und Empfänger

BEISPIEL

Der Vorgesetzte		Die Sekretärin
„Für die anstehende Dienstreise haben Sie den falschen Flug gebucht."	Sachaussage	„Ich habe den falschen Flug gebucht."
„Um sicher zu gehen, kontrolliere ich die Flugdaten lieber noch einmal persönlich."	Selbstoffenbarung	„Mein Chef verlässt sich nur auf sich selbst."
„Sie ist eine gute Mitarbeiterin und schließlich kann jedem einmal ein Fehler unterlaufen."	Beziehung	„Er glaubt, ich kann noch nicht einmal einen Flug richtig buchen."
„Bitte buchen Sie den Flug um."	Appell	„Ich muss mich sofort um die Umbuchung kümmern."

Besonders häufig entstehen Kommunikationsprobleme auf der Beziehungsebene und verstärken sich, weil sich der Gesprächspartner mit den auf dieser Ebene verbundenen Gefühlen und Sichtweisen nicht auseinandersetzt. Dieser Effekt kann im Mitarbeitergespräch wegen der bestehenden Hierarchieunterschiede noch verstärkt werden.

Modell 3: Selbsterfüllende Prophezeiung

Auch die selbsterfüllende Prophezeiung ist von Paul Watzlawick beschrieben worden. Dabei geht es um das Phänomen, dass man etwas vorhersagt, und nur, weil man es vorhergesagt hat, tritt diese Situation auch tatsächlich ein.

BEISPIEL

Ein Vorgesetzter ist sich sicher, dass kaum ein Mitarbeiter so zuverlässig arbeitet, wie er selbst. Daher glaubt er, alle Arbeiten noch einmal selbst kontrollieren zu müssen. Wenn ein Vorgesetzter den Mitarbeitern mit dieser negativen Grundeinstellung begegnet, so werden diese rasch entmutigt, verunsichert und machen unweigerlich Fehler. Der Teufelskreis eskaliert weiter, denn die Einschätzung des Vorgesetzten hat sich bestätigt.

Selbsterfüllende Prophezeiungen können aber auch auf der Seite der Mitarbeiter entstehen.

BEISPIEL

Ein Mitarbeiter bildet sich ein: „Egal, wie ich den Vortrag vorbereite, mein Chef wird doch alles wieder auf seinen eigenen Stil umschreiben. Da brauche ich mir gar nicht erst die ganze Mühe machen." Die Reaktion des Vorgesetzten liegt auf der Hand. Weil sich der Mitarbeiter offensichtlich keine Mühe gegeben hat, wird der Vorgesetzte den Vortrag umschreiben und dabei automatisch seinen eigenen Stil einfließen lassen. Die Prophezeiung hat sich erfüllt.

TIPP

Überprüfen Sie Ihre Einstellung gegenüber Ihren Mitarbeitern. Stellen Sie fest, ob Sie nicht bestimmte Verhaltensweisen durch Ihr eigenes Verhalten „provoziert" haben.

Modell 4: Johari-Fenster

Menschen werden von ihren Gesprächspartnern vielfach anders wahrgenommen, als sie sich selbst sehen. Untersuchungen von Joe Luft und Harry Ingham haben zur Entwicklung des nach ihnen benannten „Johari-Fensters" geführt, das jedem Menschen vier verschiedene Perspektiven zuordnet:

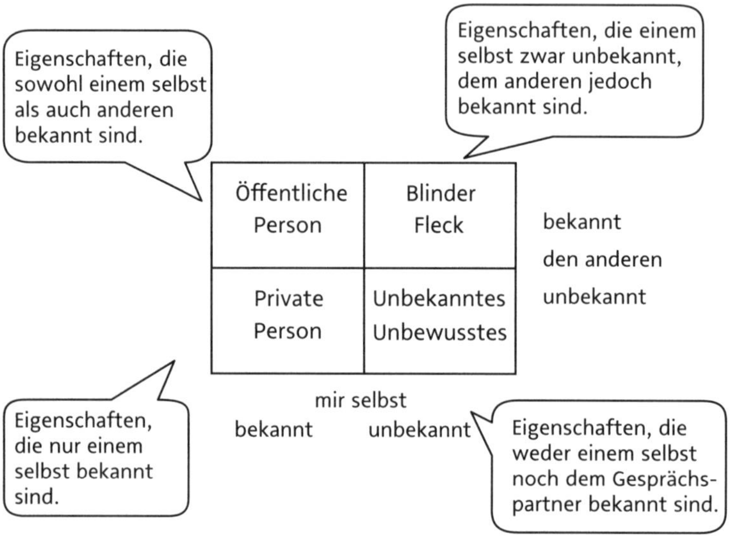

Abb. 2.2: Johari-Fenster

Für das Kommunikationsverhalten bedeutet dies, dass man sich zunächst einmal bewusst sein muss, einen solchen „blinden Fleck" zu besitzen. Denn dieser ist häufig der Grund für Missverständnisse im Gespräch. Durch die Gesprächstechnik „Feedback" gelingt es jedoch, diesen blinden Fleck zu verkleinern, Eigen- und Fremdbild einander anzunähern und so die Gesprächsführung zu optimieren.

2.4 Das Mitarbeitergespräch vorbereiten

Die Bedeutung der Vorbereitung auf ein Gespräch wird häufig unterschätzt. Mit Blick auf das Tagesgeschäft ist man schnell der Meinung, die wesentlichen Aspekte des Gesprächsthemas eigentlich im Kopf zu haben und verzichtet daher auf die Vorbereitung. Doch nicht immer ist Verlass auf eine umfassende Gesprächsroutine oder die Fähigkeit zur Improvisation.

Durch eine angemessene Vorbereitung stellen Sie sicher, dass

- sich die *Gesprächsdauer* in einem angemessenen Rahmen hält,
- Sie sich nicht auf der *Beziehungsebene* festfahren,

- die *Gesprächsziele* erreicht werden oder man ihnen zumindest näher kommt und
- die Gespräche mit einem für beide Seiten akzeptablen Ergebnis enden.

Organisatorische Vorbereitung

Die Frage, ob schriftlich oder mündlich eingeladen wird, hängt vom Gesprächsanlass ab. Zu komplexeren Gesprächen, die in einem festen Turnus stattfinden (z. B. Zielvereinbarungs-, Jahres- oder Beurteilungsgespräch), kann schriftlich eingeladen werden. Kurzfristigere und weniger umfangreiche Gespräche (z. B. Einführungsgespräch oder Zwischenfeedback) werden meist mündlich abgesprochen.

! WICHTIG

Sorgen Sie dafür, dass der Mitarbeiter rechtzeitig und vollständig informiert wird, und zwar über Zeitpunkt, Ort und Anlass des Gespräches. So kann sich auch der Mitarbeiter auf das Gespräch vorbereiten.

Termin und Ort sollten so gewählt werden, dass das Gespräch in Ruhe und ohne Unterbrechungen geführt werden kann. Die eigentliche Gesprächsdauer hängt vom jeweiligen Anlass und den beteiligten Personen ab; einen Richtwert gibt es nicht.

• TIPP

Planen Sie nicht nur Zeit für Ihre eigenen Themen ein, sondern auch für die Anliegen Ihres Gesprächspartners.

Und *welcher Ort* eignet sich am besten? Die meisten Mitarbeitergespräche werden sicherlich im Büro des Vorgesetzten geführt. Verschanzen Sie sich aber nicht hinter Ihrem Schreibtisch, sondern nutzen Sie z. B. einen geeigneten Besprechungstisch. Damit signalisieren Sie dem Mitarbeiter, dass das Gespräch für Sie eine besondere Bedeutung hat. Wenn Sie selbst über kein eigenes Büro verfügen, sollten Sie einen zentralen Besprechungsraum benutzen.

Auch der *Arbeitsplatz des Mitarbeiters* kann als Gesprächsort gewählt werden, wenn die notwendige Ruhe herrscht und die Vertraulichkeit sichergestellt ist. Durch ein Gespräch am Arbeitsplatz entziehen Sie der Vorgesetzten-Mitarbeiter-Situation, die für viele Mitarbeiter gesprächshemmend wirkt, ein Stück weit die Basis und schaffen Vertrauen beim Mitarbeiter.

Die *wichtigsten Aspekte* der organisatorischen Gesprächsvorbereitung sind in der nachfolgenden Übersicht zusammengefasst.

Übersicht: Organisatorische Gesprächsvorbereitung

- Wann findet das Gespräch statt? ____
- Wurde genügend Zeit eingeplant? ____
- Wo findet das Gespräch statt? ____
- Wurde (falls nötig) ein Besprechungsraum gebucht? ____
- Ist der Besprechungsraum vorbereitet? ____
- Sind Störungen ausgeschlossen? ____
- Wurde der Mitarbeiter rechtzeitig informiert über
  - Termin und Ort, ____
  - Gesprächsinhalt, ____
  - notwendige Vorbereitungen? ____
- Sind alle benötigten Unterlagen vorbereitet? ____
- Stehen die nötigen Hilfsmittel zur Verfügung (z. B. Visualisierungshilfen, Block)? ____
- Bestehen faire Sitzverhältnisse? ____
- Steht eine Bewirtung bereit? ____
- Gibt es weitere Gesprächsteilnehmer? ____
  - Sind diese über Zeitpunkt, Ort und Inhalt des Gesprächs informiert? ____
  - Wer übernimmt welchen Gesprächsteil? ____

Tab. 2.3: Organisatorische Gesprächsvorbereitung

Ziel und Inhalt des Gesprächs

Das Mitarbeitergespräch ist ein *Zweckgespräch*, das mit einer ganz bestimmten Absicht geführt wird. Das zeigen auch die verschiedenen Gesprächsanlässe. Vorgesetzter und Mitarbeiter verfolgen im Mitarbeitergespräch ganz bestimmte Ziele, die sie erreichen wollen. Je mehr Klarheit über das verfolgte Ziel besteht, umso besser kann die Gesprächsführung darauf ausgerichtet werden und umso leichter kann überprüft werden, ob das Ziel auch erreicht wurde. Am Ende des Gesprächs sollte jeder Teilnehmer das Gefühl haben, etwas erreicht zu haben.

Außerdem muss das Gesprächsziel realistisch sein, d. h. im Mitarbeitergespräch müssen rechtlich mögliche und persönlich zumutbare Ziele vertreten werden. Um über die notwendige Flexibilität zu verfügen, ist in manchen Gesprächen zwischen einem wünschenswerten Maximalziel und dem mindestens zu erreichenden Minimalziel zu unterscheiden. Für den Fall, dass die ursprüngliche Zielrichtung aufgrund neuer, sich erst im Gespräch ergebender Tatbestände dennoch nicht verfolgt werden kann, können zusätzlich Alternativziele überlegt werden.

Durch die Formulierung von Minimal- oder Alternativzielen besteht auch die Möglichkeit, dem Mitarbeiter auf jeden Fall eine Zusage machen zu können, so dass er nicht ohne jeden Erfolg aus dem Gespräch geht.

Nachfolgend sind zwei Beispiele über mögliche Zielsetzungen im Mitarbeitergespräch aufgeführt.

BEISPIEL 1: Gespräch über die Arbeitszeit

Ein Vorgesetzter möchte einen Mitarbeiter, der bisher keine Schicht arbeitet, dafür gewinnen, im Drei-Schicht-Betrieb zu arbeiten. Es wird unterstellt, dass die rechtlichen Voraussetzungen (Betriebsrat) für eine Sieben-Tage-Woche und Drei-Schicht-Betrieb vorliegen.
Maximalziel: Mitarbeiter stimmt zu, im Drei-Schicht-Betrieb über 7 Arbeitstage verteilt zu arbeiten.
Minimalziel: Mitarbeiter stimmt mindestens zu, im Drei-Schicht-Betrieb über 5 Arbeitstage zu arbeiten.
Alternativziel: Mitarbeiter arbeitet im Zwei-Schicht-Betrieb (ursprüngliches Ziel Drei-Schicht-Betrieb wurde aufgegeben).

BEISPIEL 2: Gehaltsgespräch

Ein Mitarbeiter, der außerhalb der tariflichen Änderungen schon lange nicht mehr berücksichtigt wurde, hat um ein Gehaltsgespräch gebeten. Wegen der angespannten wirtschaftlichen Situation möchte der Vorgesetzte mit einer sehr niedrigen oder ganz ohne eine Gehaltserhöhung durchkommen und überlegt sich deshalb Alternativen, um den Mitarbeiter zufrieden zu stellen.
Maximalziel: Weder finanzielle noch sonstige Zusagen (das wäre allerdings unrealistisch, denn dann hätte der Mitarbeiter im Gespräch keinerlei Erfolgserlebnis).
Minimalziel: Kleine Erhöhung des Entgelts, welche die bestehenden Relationen in der Arbeitsgruppe nicht zerstört.
Alternativziele: Großzügige Genehmigung der Teilnahme an Weiterbildungsmaßnahmen oder neue, attraktivere Abgrenzung des Aufgabengebiets mit späterer Auswirkung auf das Gehalt.

Übersicht: Inhaltliche Gesprächsvorbereitung
▪ Um was geht es (Gesprächsthema, -anlass)? ____________________
▪ Verfüge ich über ausreichend Informationen zum Gesprächsgegenstand? ________
▪ Notieren Sie sich alle Themen, die Sie im Gespräch ansprechen wollen.
▪ Welches Gesprächsziel wird verfolgt? ____________________
▪ Gibt es neben dem Hauptziel noch Teilziele oder Alternativziele, falls das Hauptziel nicht erreicht werden kann? ____________________
▪ Wie argumentiere ich, um mein Ziel zu erreichen? ____________________
▪ Mit welchen Einwendungen ist zu rechnen? ____________________
▪ Wie gliedere ich das Gespräch? ____________________
▪ Machen Sie sich vor dem Gespräch nochmals mit den für den Gesprächsanlass relevanten Fakten vertraut. ____________________

Tab. 2.4: Inhaltliche Gesprächsvorbereitung

Vorbereitung auf den Partner

Auch ein Sachgespräch wird nie völlig sachlich verlaufen. Denn schließlich reden zwei Menschen miteinander und nicht zwei Roboter. Je besser das Verhältnis zwischen diesen beiden Gesprächspartnern ist, um so mehr wird das Gespräch auf der Sachebene geführt, d. h. Inhalte werden besser verstanden, miteinander besprochen, und das Gespräch führt zu einer echten Lösung, Einigung oder Entscheidung.

Die nachfolgende Übersicht nennt Ihnen einige Aspekte, mit denen Sie sich auf Ihren Gesprächspartner als Mensch einstellen können.

Übersicht: Vorbereitung auf den Gesprächspartner

- Welche Einstellung habe ich zum Gesprächspartner (Vorurteile, Sympathie, Antipathie ...)? ______
- Wie schätze ich unsere Beziehung zueinander ein – auch aus seiner Sicht? ______
- Wie verliefen frühere Gespräche mit diesem Mitarbeiter? ______
- Was weiß ich über diesen Mitarbeiter (persönliche Situation, Gemeinsamkeiten, Hobby, Lieblingsthemen, Eigenarten ...)? ______
- Welche Ziele und Motive verfolgt der Mitarbeiter? ______
- Welche Taktik wird er im Gespräch vermutlich anwenden? ______
- Bei welchen Aspekten ist mit Zustimmung zu rechnen, wann mit Einwendungen? ______
- Was kann ich tun, wenn das Gespräch zu emotional wird? ______

Tab. 2.5: Vorbereitung auf den Gesprächspartner

Das nachfolgende Formular kann bei der Vorbereitung wichtiger Mitarbeitergespräche, für die eine schriftliche Vorbereitung erforderlich ist, verwendet werden. Die Schriftlichkeit fördert die Verbindlichkeit; im Gespräch dient Ihnen das Vorbereitungsblatt als eine Art „roter Faden".

Formular: Gesprächsvorbereitung

Anlass: ______ Teilnehmer: ______

Ort: ______ Termin/Uhrzeit: ______ Voraussichtl. Dauer: ______

Gesprächsziel: ______

Teilziele: ______

Alternative Ziele: ______

Meine wichtigsten Argumente: ______

______

______

Grobgliederung des Gesprächs: ______

______

Der Gesprächspartner:
Besondere berufliche/persönliche Situation: ___
Besondere Eigenarten: ___
Erwartete Einwendungen: ___
___
Erfahrungen aus früheren Gesprächen: ___
___

Tab. 2.6: Formular: Gesprächsvorbereitung

Vorbereitung des Gesprächspartners

Effiziente Gespräche zeichnen sich durch eine gute Vorbereitung beider Gesprächspartner aus. Bereiten Sie sich daher nicht nur selbst gut vor, sondern veranlassen Sie auch den Mitarbeiter hierzu. Da vielen Mitarbeitern eine solche Vorbereitung nicht immer leicht fällt, sollten Sie diese durch einen entsprechenden *Fragenkatalog* dabei unterstützen. Das nachfolgende Beispiel zeigt einen solchen für ein anstehendes Jahresmitarbeitergespräch (vgl. Kapitel 3.5)

Formular: Fragen zur Vorbereitung auf das Jahresgespräch
Als Vorbereitung auf das Jahresgespräch am ___ um ___ Uhr in ___ bitte ich Sie, sich anhand der nachfolgenden Fragen Gedanken zu machen zu: ▪ Ihren Leistungen im vergangenen Jahr ▪ Ihrem Entwicklungsbedarf ▪ den Zielen für das nächste Jahr
Bitte geben Sie mir bis ___ eine Kopie der ausgefüllten Vorbereitungsunterlage. Aufgaben: ▪ Beschreiben Sie die Hauptaufgaben des vergangenen Jahres. ▪ Welche zusätzlichen Aufgaben haben Sie im vergangenen Jahr neu übernommen? ▪ Welche dieser Aufgaben sind gut erledigt worden und warum? ▪ Welche dieser Aufgaben wurden nicht so gut erledigt und woran hat dies gelegen? ▪ Welche dieser Aufgaben machen Ihnen viel Spaß und welche bearbeiten Sie weniger gerne?

Stärken und Entwicklungsbedarf/äußere Faktoren:
- Welche Faktoren – persönlich und auch außerhalb der eigenen Person – haben Ihnen geholfen, gute Leistungen zu erzielen?
- Welche Faktoren – persönlich und auch außerhalb der eigenen Person – haben gute Leistungen behindert?
- Was macht Sie zufrieden und was erzeugt Frust?

Entwicklungsbedarf/Ziele für das nächste Jahr:
- Welche Ziele haben Sie sich für Ihre persönliche Entwicklung gesetzt und welche Maßnahmen sind zu deren Erreichung wichtig?
- Wo sehen Sie Veränderungen Ihres Aufgabenbereiches im kommenden Jahr und wo müssen deshalb Schwerpunkte gesetzt werden?
- In welchem Aufgabenbereich möchten Sie im nächsten Jahr Schwerpunkte setzen und warum?

Sonstiges
- Welche Erwartungen haben Sie an mich, Ihren Vorgesetzten?
- Über welche Dinge möchten Sie sonst noch sprechen?

Tab. 2.7: Formular: Fragen an den Mitarbeiter zur Vorbereitung auf das Jahresgespräch

2.5 Ein Mitarbeitergespräch optimal führen: Goldene Regeln

Die Verantwortung für den Gesprächsablauf liegt beim Vorgesetzten. Er verfügt über die größere Erfahrung und hat darauf zu achten, dass die grundlegenden Regeln der Gesprächsführung eingehalten werden. Vom Vorgesetzten hängt es letztlich ab, ob ein wirkliches Gespräch geführt wird, oder ob lediglich verschiedene Gesprächstechniken abgespult werden.

Führen Sie keinen Monolog. Sprechen Sie nicht zu Ihrem Mitarbeiter, sondern mit ihm! Der Monolog drängt den Gesprächspartner in eine passive Rolle und überhäuft ihn lediglich mit Informationen. Wichtig ist aber der wirkliche Dialog zwischen Mitarbeiter und Vorgesetztem, also Fragen, Einwände, Argumente, Gegenargumente. Nur so fühlt sich der Mitarbeiter ernst genommen, und Sie können eine wirkliche Meinungs- oder Verhaltensänderung bewirken.

2.5.1 Jeder soll gewinnen

Häufig ist in Gesprächen zu beobachten, dass sich die Menschen aus Unsicherheit vor unplanbaren Situationen oder aufgrund des eigenen Absolutheitsanspruches nicht verstehen, sondern in erster Linie antworten wollen. Während der Gesprächspartner noch spricht, werden schon die nächsten Worte, Argumente und eine gute Formulierung überlegt. Solche Gespräche enden immer damit, dass sich der schwächere Gesprächspartner überrumpelt, überfahren oder überredet fühlt. Er geht als Verlierer aus dem Gespräch und baut damit Frustration und Misstrauen gegenüber dem Gesprächspartner auf.

! **WICHTIG**

Arbeiten Sie im Mitarbeitergespräch deutlich heraus:

- **Sichtweisen und Bedürfnisse Ihres Gesprächspartners,**
- **Ihre eigene Meinung und Ihre Motive sowie**
- **die daraus resultierenden Unterschiede.**

Sicherlich gehört eine gute Portion Offenheit, Mut und Selbstvertrauen zu dieser Vorgehensweise. Sie werden ggf. mit Äußerungen konfrontiert, die Sie zunächst nicht absehen konnten. Möglicherweise entwickelt sich das Gespräch in eine ungeplante Richtung. In einem solchen Fall hilft eine gute Gesprächsvorbereitung, aber auch Flexibilität in der Argumentation und Vertrauen in die eigene Kreativität und Improvisationsgabe.

• **TIPP**

Schaffen Sie so genannte „Win-Win-Situationen“:
Am Ende des Gespräches sollten beide Gesprächspartner zumindest einen Teilerfolg erzielt haben.

Wenn beide Gesprächspartner auf diese Weise ihren Bedürfnissen wenigstens ein Stück näher gekommen sind, wird Frustration vermieden.

2.5.2 Wertschätzung gegenüber dem Gesprächspartner

Achten Sie Ihren Gesprächspartner als Mensch. Machen Sie sich immer wieder bewusst, dass seine Meinungen und Verhaltensweisen oftmals von Ihren eigenen abweichen werden. Nehmen Sie ihm dies nicht übel, sondern versuchen Sie vielmehr, seinen Standpunkt, seine Motive und Bedürfnisse nachzuvollziehen. Suchen Sie mit ihm gemeinsam nach Lösungen, die für beide Seiten annehmbar sind.

2.5.3 Glaubwürdigkeit

Information und Kommunikation mit einem Mitarbeiter sind nur dann erfolgreich, wenn dieser von den ehrlichen Absichten des Vorgesetzten auch überzeugt ist. Die nachfolgende Checkliste enthält die wesentlichen Aspekte, die zu dieser Glaubwürdigkeit beitragen.

Checkliste: Glaubwürdigkeit im Gespräch
Offenheit Aktiv und zielgerichtet kommunizieren, damit die Mitarbeiter alle Informationen erhalten, die sie für ihre Arbeit benötigen. Die Mitarbeiter am eigenen Wissens- und Erfahrungsstand teilhaben lassen.
Ehrlichkeit Informationen nicht als Machtmittel oder Mittel zum Zweck einsetzen.
Sachkompetenz Überzeugen Sie fachlich. Blocken Sie Einwände des Mitarbeiters nicht ab, sondern setzen Sie sich mit diesen sachlich auseinander. Geben Sie angelesenes Wissen nie als erlebtes Wissen aus. Finden Sie deutliche Worte und beziehen Sie Stellung. Stehen Sie dazu, wenn Sie etwas nicht wissen.
Echtheit Spielen Sie keine Rolle, sondern bleiben Sie Sie selbst. Nicht alles, was Sie meinen, müssen Sie auch sagen. Aber alles, was Sie sagen, müssen Sie auch meinen. Vermeiden Sie verdeckte Beeinflussung, sprechen Sie stattdessen Ziele und Absichten offen aus. Achten Sie darauf, dass verbale und nonverbale Botschaften übereinstimmen.

2.5.4 Kein Zeitdruck

Planen Sie genügend Zeit für Ihre Anliegen und die Ihres Mitarbeiters ein! Vermeiden Sie Störungen und stellen Sie sicher, dass Sie in Ruhe und mit der notwendigen Aufmerksamkeit auf die Gesprächsinhalte eingehen können. Legen Sie zu Beginn des Gesprächs mit dem Mitarbeiter fest, wie viel Zeit zur Verfügung steht und welche Punkte besprochen werden sollen. Führen Sie das Gespräch dann zügig mit dem Blick für das Gesprächsziel durch. Überprüfen Sie anhand der folgenden Checkliste, ob Sie dazu neigen, während des Gesprächs Zeitdruck auszuüben.

Checkliste: Zeitdruck im Gespräch	Ja	Nein
▪ Schaue ich zu häufig auf die Uhr?		
▪ Tippe ich mit den Fingern auf die Tischplatte?		
▪ Kritzle ich auf einem Stück Papier herum?		
▪ Beginne ich, die Unterlagen zusammenzuräumen?		
▪ Formuliere ich die Gedanken des Partners zu Ende, wenn dieser sich umständlich ausdrückt?		
▪ Unterbreche ich den Partner häufig?		
▪ Spreche ich hektischer als sonst?		
▪ Sitze ich unruhig auf meinem Stuhl?		

2.5.5 Ich-Botschaften

Die meisten Menschen kommunizieren in so genannten „Du-Botschaften“:

BEISPIEL

„Sie sollten die Berichte bis heute Abend fertig stellen.“

Diese „Du-Botschaften“ bergen eine Reihe von negativen Assoziationen. Häufig drücken sie Wertungen und Urteile aus oder lassen — bewusst oder unbewusst — den Eindruck entstehen, man wisse es besser als der Gesprächspartner. Auf diese Weise entsteht ein Machtgefälle, dem der Gesprächspartner entweder mit einem offensiven Gegenangriff oder mit einer defensiven Verteidigungshaltung begegnet. Eine offene und konstruktive Kommunikation ist häufig nicht möglich.

Geeigneter sind dagegen „Ich-Botschaften“. Auf diese Weise stülpt man dem Gesprächspartner nicht die eigenen Sichtweisen über oder unterstellt ihm irgendwelche Absichten. Vielmehr teilt man ihm mit, wie man die Situation selbst erlebt und gibt ihm so Gelegenheit, diesen Eindruck zu korrigieren.

BEISPIEL

„Ich mache mir Sorgen, ob der Bericht bis heute Abend fertig wird."

Mit diesen Ich-Botschaften teilt man gleichzeitig etwas von den eigenen Empfindungen und Emotionen mit und signalisiert dem Gesprächspartner auf diese Weise Vertrauen. Ich-Botschaften sind damit auch das geeignete Instrument, dem Gesprächspartner nicht annehmbare Verhaltensweisen mitzuteilen.

2.5.6 Meta-Kommunikation

Meta-Kommunikation ist eine Gesprächstechnik, die man anwendet, wenn z. B. ein Gespräch sehr emotional geworden ist oder man sich mit den Argumenten im Kreise dreht. Meta-Kommunikation bedeutet, dass nicht mehr über das Sachthema gesprochen wird, sondern über die Kommunikation an sich.

BEISPIEL

„Ich habe den Eindruck, dass wir eigentlich alle Argumente ausgetauscht haben und uns — aufgrund unterschiedlicher Auffassungen — nur noch im Kreise drehen. Ich würde gerne eine Lösung finden, die für beide Seiten akzeptabel ist."

Weitere *Tipps zur Gesprächsführung* enthält die nachfolgende Übersicht.

Übersicht: Regeln zur Gesprächsführung

- Mitarbeitergespräche finden viel zu selten statt. Planen Sie bewusst, wann und worüber Sie mit Ihren Mitarbeitern sprechen werden.
- Schenken Sie Ihrem Gesprächspartner Aufmerksamkeit! Machen Sie deutlich, dass es während des Gesprächs nichts Wichtigeres als den Gesprächspartner und das Gesprächsthema gibt.
- Tragen Sie zu einem positiven Gesprächsklima bei.
- Zeigen Sie Geduld. Fordern Sie Ihren Gesprächspartner auf, seine eigene Meinung zu formulieren und hören Sie ihm aktiv zu. Auch wenn er hierzu lange braucht, formulieren Sie seine Gedanken nicht zu Ende, sondern bieten Sie ihm allenfalls Formulierungshilfe an.

Übersicht: Regeln zur Gesprächsführung

- Auch wenn es schwer fällt, Schweigen und Stille zu ertragen, lassen Sie Sprechpausen zu.
  - Damit zeigen Sie Geduld, wenn der Mitarbeiter nicht sofort die richtigen Worte findet.
  - Sie signalisieren Interesse.
  - Sie geben dem Mitarbeiter Gelegenheit, einen eigenen Lösungs¬vorschlag zu formulieren.
  - Sie gewinnen Zeit für die eigene Argumentation.
- Planen Sie genügend Zeit ein. Führen Sie keine Gespräche in Hast oder aus einer unmittelbaren Erregung heraus (Eine Nacht darüber schlafen!). Verschieben Sie ein Gespräch, falls Gefahr besteht, dass es nicht zu Ende geführt werden kann.
- Keine vorgefassten Meinungen. Gehen Sie offen in das Gespräch, reagieren Sie je nach Gesprächsverlauf flexibel, und urteilen Sie nicht vorschnell.
- Scheuen Sie sich bei Fehleinschätzung einer Situation (z. B. im Beurteilungsgespräch) nicht, auch einmal einen eigenen Irrtum zuzugeben oder ein Urteil zu revidieren.
- Der Ton macht die Musik. Formulieren Sie sachlich und werden Sie nicht persönlich. Führen Sie das Gespräch nicht „zu kurz angebunden“ oder in gereiztem Ton. Überprüfen Sie, ob Sie Ihre eigenen Formulierungen auch dem Gesprächspartner gestatten würden.
- Halten Sie die eigene Meinung zunächst zurück und lassen erst den Mitarbeiter sprechen. Fordern Sie schüchterne Mitarbeiter ausdrücklich auf, sich zu äußern.
- Gehen Sie auf die Ausführungen des Mitarbeiters ein. Nehmen Sie aber nicht zu früh Stellung, um den Mitarbeiter nicht zu beeinflussen.
- Achten Sie im Gespräch auf Ihr eigenes nonverbales Verhalten, aber auch auf das Ihres Gesprächspartners. Insbesondere Informationen auf der Beziehungsebene werden nonverbal kommuniziert. Ihre Worte und Ihr nonverbales Verhalten dürfen sich nicht unterscheiden; andernfalls wirken Sie unglaubwürdig.
- Zeigen Sie im Gespräch Emotionen, soweit die Beziehung und das Vertrauen gegenüber Ihrem Gesprächspartner dies zulässt.
- Missverständnisse haben viele Ursachen: Eine unterschiedliche Sprache, unterschiedliche Erfahrungen, gedankliche Abwesenheit im Gespräch. Seien Sie dafür sensibel und klären Sie Missverständnisse möglichst rasch auf.
- Behandeln Sie die Gesprächsinhalte vertraulich. Dies gilt besonders, wenn der Mitarbeiter Ihnen Persönliches anvertraut hat.
- Versprechen Sie nichts, was nicht versprochen werden darf. (Ein Vorgesetzter kann z. B. nur selten ohne Rücksprache eine verbindliche Zusage über die Erhöhung des Arbeitsentgelts oder eine Versetzung machen; er kann allenfalls versprechen, sich dafür einzusetzen.)

Übersicht: Regeln zur Gesprächsführung
▪ Haben Sie Mut, ein Gespräch abzubrechen, wenn alle wesentlichen Argumente ausgetauscht sind und keine Weiterentwicklung in der Sache zu erwarten ist.
▪ Führen Sie ergebnisorientierte Mitarbeitergespräche! Behalten Sie das Gesprächsziel im Auge, formulieren Sie Teil- und Zwischenergebnisse, treffen Sie mit dem Mitarbeiter verbindliche Vereinbarungen und halten Sie diese schriftlich fest.
▪ Führen Sie keine Alibigespräche, wenn bereits alle Entscheidungen verbindlich getroffen worden sind.
▪ Sorgen Sie für einen Gesprächsabschluss in gutem Einvernehmen (schließlich müssen Sie ja mit diesem Mitarbeiter weiter zusammenarbeiten). Vorher bestehende Missverständnisse sollten durch das Gespräch ausgeräumt sein.

Tab. 2.8: Regeln zur Gesprächsführung

Fragetechnik

Die Fragetechnik ist eines der wichtigsten Instrumente einer erfolgreichen Gesprächsführung. Das gilt auch für das Mitarbeitergespräch. Richtig eingesetzt, nützt die Fragetechnik sowohl dem Fragesteller als auch dem Befragten. Im Einzelnen kann die Fragetechnik sehr unterschiedlichen Zwecken dienen:

- **Fragen als Instrument, um ein Gespräch in Gang zu bringen**: Unsichere und verschlossene Mitarbeiter können durch einfache Fragen zum Reden gebracht werden. Oft reichen schon einige vorbereitete Eröffnungsfragen, um die Anfangshemmungen zu überwinden oder die notwendige Gesprächsatmosphäre herzustellen.
- **Fragen als Instrument, um Gespräche zielorientiert vorwärts zu bringen**: Wenn ein Gesprächspunkt abgehandelt ist, kann das Gespräch durch ein geeignete Frage weitergeführt werden. Oder das Gespräch wird durch Fragen bewusst in eine erwünschte Richtung oder auf ein zu besprechendes Problem gelenkt. Ein zurückhaltender Mitarbeiter kann durch Fragen zum Mitdenken oder zu einer Stellungnahme gezwungen werden (z. B. „Was meinen Sie dazu?“).
- **Fragen als Instrument, um sich Informationen zu verschaffen**: Das ist sicherlich eine Hauptaufgabe einer richtig eingesetzten Fragetechnik. Bei vielen Gesprächsanlässen gilt es zunächst, Sachverhalte klarzustellen bzw. Probleme zu klären. Durch Fragen erfahren Sie aber auch mögliche Bedenken oder Einwendungen Ihrer Mitarbeiter und können Ihre eigene Argumentation mitarbeiterorientiert ausrichten.
- **Fragen als Instrument, um auf den Partner einzugehen**: Durch treffende Fragen zur Sache signalisieren Sie Ihrem Mitarbeiter, dass Sie an seinen Aussagen

interessiert sind. Außerdem verdeutlichen Sie Ihre Bereitschaft, dem anderen aktiv zuzuhören.

- **Fragen als Instrument, um Zeit zu gewinnen**: Taktisch können Sie die Fragetechnik einsetzen, um sich bei einem überraschenden Argument Ihres Mitarbeiters vor einer zu raschen (unüberlegten!) Antwort zu schützen. Fragen sind außerdem eine bewährte Methode, um auf Einwendungen zu reagieren.

Neben diesen vielen Vorteilen dürfen einige Probleme beim Einsatz der Fragetechnik nicht verschwiegen werden. Die Frage soll weder zum bohrenden Ausfragen, noch als ein Instrument, um Ihre Mitarbeiter zu manipulieren, benutzt werden.

Die nachfolgend dargestellten Fragearten verdeutlichen recht anschaulich, welche Fragen für eine zielgerichtete, mitarbeiterorientierte Gesprächsführung geeignet sind.

Übersicht: Fragearten und Beispiele

Für sämtliche Beispiele wurde als Anwendungssituation ein Einführungsgespräch unterstellt.

Offene Fragen

Offene Fragen lassen dem Befragten einen breiten Spielraum für die Antwort zu. Sie beginnen mit einem Fragewort (wozu, weshalb, womit, wieso, wie usw.) und können nicht mit „ja" oder „nein" beantwortet werden.
Offene Fragen sind besonders gut geeignet, wenn umfassende Informationen erfragt werden sollen. Aber auch am Anfang eines Gesprächs oder bei schüchternen Mitarbeitern sind offene Fragen ein bewährtes Mittel, um das Gespräch in Gang zu bringen.
Beispiel
Was für Erfahrungen haben Sie mit der Tabellenkalkulation?

Geschlossene Fragen

Geschlossene Fragen beginnen mit einem Verb oder Hilfsverb. Sie lassen sich in der Regel nur mit „ja" oder „nein" beantworten. Geschlossene Fragen eignen sich zur Steuerung von Gesprächen und als Entscheidungsfragen. Zu viele geschlossene Fragen können bei den Mitarbeitern auf Ablehnung (Verhör!) stoßen.
Beispiel
Haben Sie Erfahrung mit der Tabellenkalkulation?

Steuerungsfragen

Steuerungsfragen (hinführende Fragen) sollen (in nicht zu plumper Weise) die Gedanken der Gesprächspartner auf einen erwünschten Gesprächspunkt (Sachverhalt) hinlenken.
Beispiel
Wie sah es in Ihrem früheren Betrieb mit Überstunden aus?

Alternativfragen

Alternativfragen (Entscheidungsfragen) geben dem Befragten mit der Fragestellung Wahlmöglichkeiten für die nachfolgende Antwort vor. Bei richtiger Anwendung fällt die Antwort für den Fragesteller immer positiv aus.
Beispiel
Möchten Sie zunächst lieber am Projekt A oder am Projekt B mitarbeiten?

Kontrollfragen

Kontrollfragen dienen dazu, festzustellen, ob die Partner einen Gedankengang mitvollzogen haben oder ob bestimmte Informationen oder Gesprächsergebnisse richtig verstanden wurden. Sie eignen sich auch für den Abschluss eines Gesprächs bzw. eines Teilabschnitts.
Beispiel
Wir sind uns also einig, dass Sie zunächst in der Projektgruppe A beginnen werden?

Ablenkungsfragen

Ablenkungsfragen (weiterführende Fragen) leiten zu einem neuen Aspekt über, ohne dass auf die vorhergehenden Aussagen (Einwände, Behauptungen) eingegangen wird. Dadurch können – falls erwünscht – Diskussionen mit dem Partner oder Korrekturen seiner Aussagen vermieden werden.
Beispiel
Mitarbeiter: Ich nehme an, dass ich den Firmenwagen auch privat nutzen kann!
Vorgesetzter (der auf diese Frage nicht vorbereitet ist): Was für ein Auto fahren Sie eigentlich privat?

Provozierende Fragen

Provozierende Fragen sollen die Gesprächspartner aus der Reserve locken und damit die Diskussion in Gang bringen. Sie werden auch benutzt, um dem Partner Informationen herauszulocken, die er sonst möglicherweise zurückgehalten hätte. Wegen des negativen Einflusses auf die Gesprächsatmosphäre und der besonderen Situation sollten provozierende Fragen im Mitarbeitergespräch möglichst vermieden werden.
Beispiel
Mussten Sie bei Ihrer früheren Tätigkeit auch einmal wirkliche Entscheidungen treffen?

Motivationsfragen

Motivationsfragen (stimulierende Fragen) sollen durch „partnerfreundliche“ Formulierungen (Streicheleinheiten!) das Gesprächsklima positiv beeinflussen. Sie werden allerdings häufig als manipulativ (unehrlich) oder als ironisch empfunden.
Beispiel
Würden Sie mit Ihrer großen Erfahrung in der Tabellenkalkulation zunächst in der Arbeitsgruppe D arbeiten?

Suggestivfragen

Suggestivfragen beinhalten bereits eine Meinung und sollen bewirken, dass sich die Befragten dieser Meinung anschließen. Die Beeinflussung wird durch die Wörter 'doch', 'auch', 'sicher', 'ebenfalls' usw. erreicht. Wegen ihres manipulativen Charakters stoßen Suggestivfragen auf Ablehnung und sollten weitgehend vermieden werden.
Beispiel
Es macht Ihnen doch sicherlich nichts aus, gelegentlich einmal Überstunden zu machen?

Gegenfrage

Bei einer Gegenfrage (Rückfrage) wird auf eine Frage des Partners nicht die mögliche Antwort gegeben, sondern mit einer Gegenfrage reagiert. Das verschafft in jedem Fall einen minimalen Zeitgewinn. Häufig erbringt die Gegenfrage auch zusätzliche Informationen, an denen sich die spätere Antwort orientieren kann. Die Gegenfrage hat teilweise destruktiven Charakter oder wird als unhöflich empfunden, deshalb sollte sie nur in Engpasssituationen eingesetzt werden.
Die beiden einfachsten Formen der Gegenfrage liegen vor, wenn Sie so tun, als ob Sie die Frage Ihres Partners akustisch oder inhaltlich nicht verständen hätten.
Beispiel
Wie bitte?
Wie meinen Sie das?
Über diese „Notlösungen“ hinaus können mit der Gegenfrage ganz bestimmte gesprächstaktische Absichten verfolgt werden, wie sie schon bei den anderen Fragearten dargestellt wurden, z. B.:

- *Gegenfrage als Ablenkungsfrage*
- *Gegenfrage als Kontrollfrage*
- *Gegenfrage als Suggestivfrage*
- *Gegenfrage als Alternativfrage*

Einige der vorstehenden Beispiele zeigen, dass die Grenze zwischen fairem und unfairem Frageverhalten sehr eng sein kann. Sinn und Möglichkeiten der Fragetechnik wären verfehlt, wenn diese nur als Instrument einer destruktiven Gesprächsführung verstanden würde.

Neben dem Aspekt Fairness gibt es einige weitere Regeln, die grundsätzlich beachtet werden sollten:

- Stellen Sie nicht mehrere Fragen gleichzeitig! Sie laufen sonst Gefahr, dass nur die einfacheren beantwortet werden und der Rest verloren geht.
- Geben Sie mit der Fragestellung keine Vorausinformationen, an denen sich die Befragten orientieren können! (Z. B. „Bei dieser Tätigkeit müssen Sie viel unterwegs sein! Reisen Sie gerne?“)
- Lassen Sie dem Befragten Zeit zum Nachdenken; beantworten Sie Ihre Frage nicht zu schnell selbst!
- Stellen Sie nicht zu viele Suggestivfragen!
- Formulieren Sie Ihre Fragen kurz und eindeutig!

Richtiges Zuhören

Die mangelhafte Fähigkeit, dem anderen richtig zuzuhören, ist eine Ursache für viele Missverständnisse im Gespräch. Wer im Gespräch richtig zuhört,

- erhält von seinem Gesprächspartner wichtige Sachinformationen,
- bringt ihm gegenüber Wertschätzung zum Ausdruck,
- lernt dessen Meinungen, Wünsche und Bedürfnisse kennen und kann entsprechend darauf reagieren,
- gewinnt wichtige Anhaltspunkte für die eigene Argumentation,
- vermeidet Missverständnisse,
- regt den Gesprächspartner zum Weiterreden an und
- erarbeitet gemeinsam mit seinem Gesprächspartner echte Problemlösungen.

Abb. 2.3: Zuhören in Stufen

Aktives Zuhören, analytisches Zuhören, empathisches Zuhören ... schon diese Vielzahl von Begriffen zeigt, dass „Zuhören" nicht gleich „Zuhören" ist. Je nach der Qualität des Zuhörens können vier Stufen unterschieden werden.

Beim *aufmerksamen* Zuhören geht es zunächst um das passive, also rein akustische Verstehen. Dazu ist eine geräuscharme Umgebung sowie eine angemessene Lautstärke der Stimme notwendig. Hinzu kommt, dass die Gesprächspartner sich Zeit zum Zuhören nehmen müssen; zuhören „mal schnell im vorbeigehen" führt meist dazu, dass nicht alles verstanden wird.

TIPP

Signalisieren Sie Aufmerksamkeit durch nonverbales Verhalten, wie z. B. Blickkontakt, Sitzhaltung oder Kopfnicken. Vermeiden Sie, aus dem Fenster oder auf die Uhr zu schauen, mit Gegenständen zu spielen oder auf der Schreibtischunterlage herumzumalen; denn dadurch drücken Sie Desinteresse aus.

Das *aktive* Zuhören geht einen Schritt weiter. Neben dem reinen akustischen Verstehen, geht es darum, zu begreifen, was der Gesprächspartner mit seinen Worten tatsächlich gemeint hat. Wichtig hierfür ist, dem Gesprächspartner Wertschätzung, Aufmerksamkeit und Interesse entgegenzubringen sowie beim Gespräch mitzudenken.

Checkliste: Aktives Zuhören

- Schauen Sie zu häufig auf die Uhr?
- Fragen Sie nach! So zeigen Sie Interesse an Ihrem Gesprächspartner, ermuntern ihn zum Weiterreden und klären, wenn Sie etwas nicht verstanden haben.
- Paraphrasieren Sie! Das bedeutet, dass Sie die sachliche Aussage Ihres Gesprächspartners mit eigenen Worten formulieren.
- Greifen Sie die Aussage Ihres Gesprächspartners auf oder wägen Sie seine Argumente und Sichtweisen ab; auch so demonstrieren Sie Interesse.
- Fassen Sie die Gesprächsinhalte von Zeit zu Zeit zusammen. So sichern Sie wichtige Aussagen und Zwischenergebnisse und tragen zu einem strukturierten Gespräch bei.
- Hören Sie geduldig zu. Unterbrechen Sie Ihren Gesprächspartner nicht und lassen Sie ihm Zeit, seine Gedanken zu formulieren.
- Hören Sie dem Partner zu, bis er ausgesprochen hat. Denken Sie nicht zu früh darüber nach, was Sie als nächstes fragen oder sagen wollen.

Gute Mitarbeitergespräche erfordern weiterhin ein *analytisches Zuhören*. Weil jeder Gesprächspartner im Sinne seiner eigenen Gesprächsziele argumentiert, ist es notwendig, den Inhalt der einzelnen Aussagen und Argumente auf sachliche Richtigkeit und Logik hin zu überprüfen. Insbesondere geht es darum, falsche Informationen, unlogische Schlussfolgerungen, Scheinargumente oder stillschweigende Voraussetzungen zu erkennen, damit sie das Gespräch nicht negativ beeinflussen können.

● **TIPP**

Stellen Sie fehlerhafte oder unlogische Äußerungen des Mitarbeiters richtig. Fassen Sie Kernaussagen in eigenen Worten zusammen: „Habe ich Sie richtig verstanden, dass ...?“

Letztlich geht es um das *empathische* Zuhören, d. h. den anderen verstehen, bevor man selbst um Verständnis bittet. Empathisches Zuhören beinhaltet Einfühlungsvermögen, um Auswirkungen der Beziehungsebene im Gespräch zu erkennen und richtig darauf zu reagieren. Tatsächlich bemühen sich die meisten Menschen nicht, wirklich zuzuhören und zu verstehen. Sie bereiten sich vielmehr auf die eigene Antwort vor und wollen selbst verstanden werden. Sie betrachten das Gesagte meist nur aus dem eigenen Blickwinkel und fällen auf dieser Basis ihr Urteil.

! **WICHTIG**

Versetzen Sie sich, bevor Sie sich ein eigenes Urteil aus Ihrer Sichtweise bilden, in die Lage Ihres Gesprächspartners und versuchen Sie, ihn aus seiner Sicht zu verstehen. Erkennen Sie auf diese Weise seine Motive und Bedürfnisse, arbeiten Sie Unterschiede heraus, ohne den Gesprächspartner zu verletzen. Erst wenn Sie diese Unterschiede kennen, können Sie auch nach geeigneten Lösungen suchen.

Feedback

Feedback im Gespräch ist das Instrument, um eine Brücke zwischen dem beabsichtigten und dem tatsächlich erzielten Kommunikationserfolg zu schlagen.

▶ **BEISPIEL**

Auf Ihren Mitarbeiter können Sie sich voll verlassen. Er arbeitet sehr sorgfältig und qualifiziert. Aus diesem Grund, und weil Sie selbst sehr überlastet sind,

möchten Sie ihm kleinere Projekte eigenverantwortlich übertragen. Sie erklären ihm kurz den Sachverhalt und vereinbaren, welche Ziele bis wann erreicht werden sollen. Am vereinbarten Stichtag werden Sie jedoch von Ihrem Mitarbeiter enttäuscht, weil die vereinbarten Ziele nicht einmal ansatzweise erreicht worden sind. Wie reagieren Sie?
Sie ärgern sich, räumen Ihrem Mitarbeiter eine letzte Frist ein und überlegen sich schon, ob er wirklich der geeignete Mitarbeiter für diese Projekte ist.

Das ist keine gute Lösung. Besser wäre es gewesen, Feedback einzuholen. Sie hinterfragen die Angelegenheit und erfahren vielleicht, dass Sie Ihrem Mitarbeiter aufgrund der hektischen Situation viel zu wenige Informationen zu dem Projekt gegeben haben. Dadurch hat er sich nicht imstande gesehen, das vereinbarte Ziel zu erreichen. Und fragen wollte er Sie auch nicht, denn Sie schienen immer in Eile zu sein und waren entsprechend kurz angebunden.

Die nachfolgende Checkliste enthält die wichtigsten Regeln zum Feedback.

Checkliste: Feedback geben und erhalten

- Geben Sie Feedback immer höflich, taktvoll und nicht verletzend.
- Beschreiben Sie das jeweilige Verhalten so konkret wie möglich.
- Beschränken Sie sich auf Verhaltensweisen und Eigenschaften, die im Zusammenhang mit der Arbeit stehen.
- Geben Sie Feedback immer nur auf der Basis von eigenen Beobachtungen, nie aufgrund von Hörensagen, Vermutungen oder Interpretationen.
- Sprechen Sie in eigenem Namen, vermeiden Sie Formulierungen wie „wir", „man" …
- Benennen Sie Ihre eigenen Empfindungen und Reaktionen im Zusammenhang mit dem Verhalten Ihres Gesprächspartners.
- Wenn Sie selbst Feedback erhalten, hören Sie gut zu und haken Sie nach, wenn Sie etwas nicht verstanden haben.
- Stellen Sie Ihre eigene Sichtweise dar, vermeiden Sie jedoch, in eine Rechtfertigungs- oder Verteidigungssituation gedrängt zu werden.
- Seien Sie offen für Kritik, überlegen Sie ehrlich, ob an dem Feedback etwas dran ist, ob und wie man etwas ändern könnte.
- Machen Sie Ihrem Gesprächspartner deutlich, dass das Feedback bei Ihnen angekommen ist.

Überzeugen statt überreden

Im Gespräch verfolgt jeder Beteiligte eigene Gesprächsziele. Meist gilt es auch, unterschiedliche Meinungen zu überwinden. Durch eine geschickte Argumentation und Beweise für die eigene Sichtweise soll der Gesprächspartner für die eigenen Ideen und Vorschläge gewonnen werden, um letztendlich seine Zustimmung zu erhalten. Es geht also darum, Verhalten, Einstellung oder Meinung des Gesprächspartners im Sinne des eigenen Anliegens zu beeinflussen.

Überreden bedeutet, den Gesprächspartner geschickt zu manipulieren, um möglichst zügig dessen Zustimmung zu erhalten. Ein solcher Erfolg ist zumeist nur kurzfristig. Denn hat der Gesprächspartner Zeit und Ruhe, sich zu überlegen, wie seine Zustimmung zustande gekommen ist, wird er die Manipulation erkennen. Und damit ist das Vertrauen für weitere Gespräche beschädigt.

Checkliste: Neigen Sie zum Überreden?	Ja	Nein
▪ Im Gespräch ist es mir wichtig, meine eigenen Argumente auf jeden Fall durchzubringen.		
▪ Auf die Argumente meines Gesprächspartners gehe ich selten oder nie ein.		
▪ In meiner eigenen Argumentation verwende ich viele, dem Partner unbekannte Fach- und Fremdwörter.		
▪ Meine Argumente sind nicht immer rein sachlich, sondern beziehen sich auch auf die Persönlichkeit meines Gesprächspartners.		
▪ Ich unterbreche meinen Gesprächspartner häufig.		
▪ Die Argumente meines Partners kann ich schnell entkräften.		
▪ Die Argumente meines Partners hinterfrage ich häufig und lasse mir einzelne Begriffe genau erklären.		
▪ Wenn ich keine sachlichen Gegenargumente mehr weiß, verdeutliche ich meine allgemeine Zuständigkeit und Kompetenz in dieser Angelegenheit.		
▪ Ich verweise auf die Zuständigkeit anderer Abteilungen.		
▪ Ich helfe mir mit Killerphrasen.		

Die bessere Vorgehensweise ist immer die *Überzeugung*. Im Idealfall führt eine überzeugende Argumentation dazu, dass

- Sachverhalte gemeinsam analysiert werden,
- Meinungen, Bewertungen und Unterschiede der Gesprächspartner herausgearbeitet werden und
- eine Lösung gefunden wird, die für beide Seiten akzeptabel ist.

! **WICHTIG**

Orientieren Sie Ihre Argumentation immer an der Bedeutung einer Sache oder an den Bedürfnissen des Gesprächspartners.

Dazu das nachfolgende Beispiel.

▶ **BEISPIEL**

Obwohl Ihr Mitarbeiter bereits genügend Arbeit hat, möchten Sie, dass er ein weiteres Projekt übernimmt. Sie argumentieren,
a) dass es sich um ein sehr wichtiges Projekt handelt und Sie auf seine Erfahrung zurückgreifen möchten oder
b) dass er mit diesem Projekt neue Erfahrungen sammeln kann.
Bei (a) ist die Argumentation an der Bedeutung der Sache orientiert und an den Bedürfnissen des Mitarbeiters, wenn Anerkennung für ihn besonders wichtig ist.
Bei (b) ist die Argumentation an den Bedürfnissen des Mitarbeiters orientiert, wenn die persönliche Weiterentwicklung für diesen Mitarbeiter wichtig ist.

Ganz wichtig für die Überzeugung ist der Umgang mit Einwendungen des Mitarbeiters. Gerade im Mitarbeitergespräch besteht die Gefahr, dass aufgrund der Vorgesetzten-Mitarbeiter-Situation ein Einwand schnell überspielt oder sogar mit einer Killerphrase vom Tisch gefegt wird.

Übersicht: Folgende Killerphrasen sollten niemals vorkommen

- Das haben wir schon immer so gemacht.
- Dazu fehlt Ihnen die notwendige Erfahrung.
- Dafür sind Sie zu jung (alt).
- Daraus entstehen Schwierigkeiten, die Sie nicht übersehen können.
- Wir können uns zur Zeit keine Experimente leisten.
- Darüber liegen noch keine Erfahrungen vor.
- Das wird viel zu teuer.
- Das haben wir schon vor 10 Jahren ausprobiert.
- Sie haben wohl nicht genug zu tun.
- Wir haben jetzt andere Prioritäten.
- Meine Erfahrung spricht dagegen.
- Dazu brauchen wir erst noch mehr Informationen.
- Das dauert doch viel zu lange.
- Dazu sind Sie nicht kompetent, dafür gibt's doch Spezialisten.
- Wir haben doch schon eine Lösung gefunden.
- Das ist ein viel zu heißes Eisen.
- Sie sollten arbeiten und nicht denken – und wenn Sie schon denken, dann nicht während der Arbeitszeit.
- Wissen Sie überhaupt, was Sie da anstellen wollen?
- Wie lange sind Sie schon bei uns, um hier mitreden zu wollen?
- Sie haben auch schon bessere Gedanken gehabt.

Tab. 2.9: Übersicht: Folgende Killerphrasen sollten niemals vorkommen

Es gibt zahlreiche Möglichkeiten, auf Einwände zu reagieren. Eine Regel gilt allerdings in jedem Fall: Der Mitarbeiter muss erkennen, dass Sie seinen Einwand ernst nehmen. Andernfalls wird er das Gespräch unzufrieden verlassen. Hören Sie den Einwand des Mitarbeiters in Ruhe an. Antworten Sie nicht zu rasch, sondern legen Sie vor Ihrer Antwort eine kurze Denkpause ein. Das wirkt glaubhaft und zeigt dem Mitarbeiter, dass Sie sich mit seinem Einwand auseinandersetzen. Außerdem gewinnen Sie selbst Zeit zum Nachdenken und können mit einer überzeugenden Antwort reagieren.

Möglichkeiten, auf Einwände zu reagieren

Die überzeugendste Methode ist sicherlich, den Einwand aufzugreifen und darauf einzugehen. Das kann mithilfe folgender Formulierungen geschehen:

- Sie meinen also, ...
- Sprechen wir darüber, was Ihnen nicht gefällt: ...
- Warum sind Sie damit nicht einverstanden?

Eine ebenfalls bewährte Möglichkeit ist es, das Für und Wider eines Einwands gemeinsam zu erarbeiten. Bei einem besonders wichtigen Einwand kann das sogar schriftlich geschehen: *„Wir wollen doch einmal gemeinsam überlegen, was dafür und was dagegen spricht."*

Möglichkeiten, auf Einwände zu reagieren
Wenn Sie von einem Einwand überrascht werden, auf den Sie nicht vorbereitet sind, dann kann dieser zunächst in Frageform wiederholt werden. Das bringt auf jeden Fall einen kleinen Zeitgewinn. Da kaum jemand einen Einwand wörtlich wiederholt, fällt die Antwort zumeist viel weitschweifiger aus, teilweise wird der Einwand sogar selbst beantwortet. *„Sie meinen also, ...?“*
Bereits mehr taktischer Natur ist die bekannteste Methode zur Einwandbehandlung, die so genannte Ja, aber- Methode. Dem Partner wird zunächst rhetorisch zugestimmt, diese Zustimmung wird danach aber sofort wieder eingeschränkt. Statt des Wörtchens „Ja“ werden auch andere zustimmende Formulierungen gebraucht. ▪ Sicherlich haben Sie recht, jedoch ... ▪ Da stimme ich Ihnen zu, allerdings ... ▪ Das ist richtig, obwohl ... ▪ Das sehe ich auch so, dennoch ...
Taktische Überlegungen herrschen auch vor, wenn ein Einwand vorweggenommen wird. Es handelt sich um eine Art vorweggenommenes „Ja, aber“. Damit wird dem Partner das Gefühl vermittelt, dass Sie in seinen Problemkategorien denken: *„Sie werden nun sicherlich einwenden, ...“*
Verbreitet ist auch die Methode, einen Einwand zunächst zurückzustellen. Das wirkt dann besonders glaubhaft auf den Partner, wenn der Einwand zusätzlich auch noch aufgeschrieben wird. Das Aufschreiben bietet aber keinerlei Gewähr dafür, dass der Einwand je wieder aufgegriffen wird. *„Auf diesen Einwand werde ich später eingehen, wir wollen zunächst noch über ...“*
Zu den taktischen Varianten gehört auch das Überhören eines Einwandes. Sie hören dem Partner zwar aufmerksam zu, ohne jedoch auf den Einwand einzugehen. Mancher Gesprächsteilnehmer wird in einem solchen Fall automatisch weitersprechen und zum nächsten Gedanken übergehen. Die Überhörmethode eignet sich besonders als Reaktion auf emotionale Einwendungen.

Tab. 2.10: Möglichkeiten auf Einwände zu reagieren

Ein sachlicher Einwand hat auch eine sachliche Antwort verdient. Schwieriger ist der Umgang mit emotionalen Einwendungen des Partners (z. B. „Das sagen Sie doch nur, um mich zu provozieren“). Wer seinen Einwand emotional begründet, der wird sich in diesem Punkt kaum sachlich überzeugen lassen. Lassen Sie sich nicht auch zu emotionalen Äußerungen verleiten. Überhören Sie emotionale Äußerungen oder führen Sie das Gespräch durch eine geschickte Frage wieder auf die Sachebene zurück.

Die wichtigsten Regeln für eine überzeugende und kooperative Argumentation sind in der nachfolgenden Übersicht zusammengefasst:

Wichtige Regeln zum überzeugenden Argumentieren
▪ Die eigenen Ziele und Argumente vorbereiten, mögliche Gegenargumente des Partners vorausdenken. ▪ Alternativen und Kompromisse zu den eigenen Zielen überlegen (vgl. auch Seite 29). ▪ Ziele und Absichten zu Beginn des Gesprächs offen ansprechen. ▪ Argumente logisch aufeinander aufbauen, nicht abschweifen. ▪ Nicht alle Argumente auf einmal vorbringen, um nicht die gesamte Munition zu Beginn des Gesprächs zu verschießen. ▪ Schwächere Argumente zuerst, stärkere Argumente zum Schluss bringen (Prinzip der Steigerung). ▪ Die Sprache des Gesprächspartners sprechen. ▪ Bedürfnisse und Anliegen des Gesprächspartners berücksichtigen. ▪ Den Partner auffordern, eigene Ideen und Gedanken einzubringen. ▪ Auf die Argumente des Partners eingehen, offen sein, wenn sich daraus neue Erkenntnisse ergeben. ▪ Eigene Argumentation ggf. neu ausrichten. ▪ Sprechpausen zulassen, die dem Gesprächspartner Zeit zum Überdenken geben.

Tab. 2.11: Wichtige Regeln zum überzeugenden Argumentieren

2.6 Gesprächsleitfaden für alle Fälle

Mit dem nachfolgenden Gesprächsleitfaden können Sie sich auf nahezu alle Mitarbeitergespräche vorbereiten. Er kann Ihnen aber nicht die inhaltliche Argumentation abnehmen. Er trägt jedoch dazu bei, „in der Hitze der Debatte" das Gespräch zu strukturieren, wesentliche Gesprächsteile nicht zu vergessen und das Gesprächsziel nicht aus den Augen zu verlieren. Darüber hinaus lässt er genügend Spielraum für unerwartete Richtungsänderungen im Gespräch.

Leitfaden zum Mitarbeitergespräch für alle Fälle
Einleitung ▪ Höflichkeit und Freundlichkeit sind – unabhängig vom Gesprächsanlass – Grundvoraussetzungen eines jeden Gespräches. ▪ Gehen Sie auf den Mitarbeiter zu, begrüßen Sie ihn und danken Sie ihm für sein Kommen. ▪ Setzen Sie sich mit ihm an einen geeigneten Tisch und unterstreichen Sie so die Bedeutung des Gesprächs. ▪ Überprüfen Sie, ob der Mitarbeiter „gedanklich anwesend" ist. ▪ Stellen Sie einen persönlichen Kontakt her und tragen Sie so zu einem positiven und offenen Gesprächsklima bei.

Leitfaden zum Mitarbeitergespräch für alle Fälle

Darstellung des Gesprächsanlasses
- Umreißen Sie den Gesprächsanlass und die Gesprächsziele.
- Stellen Sie dar, wie Sie im Gespräch vorgehen werden.
- Nennen Sie den Zeitrahmen.

Die Sichtweise des Mitarbeiters
- Idealerweise haben Sie den Mitarbeiter bei der Vereinbarung des Gesprächstermins veranlasst, sich selbst vorzubereiten.
- An dieser Stelle geben Sie ihm zunächst Gelegenheit, seine Sichtweise darzustellen.
- Unterbrechen Sie ihn in diesem Gesprächsabschnitt nicht, sondern machen Sie sich Notizen zu Punkten, auf die Sie später eingehen wollen.

Ihre eigene Sichtweise
- Fragen Sie jedoch nach, wenn Sie etwas nicht verstanden haben.
- Stellen Sie nun Ihre eigene Meinung dar, indem Sie seine Ausführungen bestätigen, korrigieren oder weiterführen.

Frustrationen abbauen
- Geben Sie dem Mitarbeiter Gelegenheit, seinen Gefühlen unumwunden Luft zu machen.
- Achten Sie an dieser Stelle nicht auf Sachlichkeit, sondern akzeptieren Sie die Emotionalität seiner Ausführungen.
- Kommentieren Sie diese Äußerungen nicht.
- Leiten Sie zum Kerngespräch über.

Das sachliche Kerngespräch
- Arbeiten Sie gemeinsam mit dem Mitarbeiter die Unterschiede in den einzelnen Sichtweisen heraus.
- Suchen Sie gemeinsam nach Ursachen für diese unterschiedliche Betrachtungsweise.
- Suchen Sie nach Lösungen, die für beide Gesprächspartner akzeptabel sind.
- Seien Sie offen für die Sichtweise des Mitarbeiters, und versuchen Sie, diese nachzuvollziehen.
- Reden Sie nicht um den „heißen Brei" herum, sondern bringen Sie Ihre eigene Meinung deutlich zum Ausdruck und beziehen Sie Stellung.
- Seien Sie so flexibel, Ihre eigene Meinung zu ändern, wenn sich im Gespräch entsprechende Aspekte ergeben.
- Fassen Sie zusammen und sichern Sie Zwischenergebnisse.
- Behalten Sie das Gesprächsziel im Auge.

Abschluss des Gesprächs
- Fassen Sie alle wichtigen Punkte noch einmal kurz zusammen.
- Vereinbaren Sie Ergebnisse und halten Sie diese schriftlich fest. (Wer macht was bis wann?)
- Zeigen Sie noch einmal die Differenzen und die vereinbarten Kompromisse auf.

Leitfaden zum Mitarbeitergespräch für alle Fälle
Gesprächsauswertung ▪ Welche Maßnahmen müssen Sie veranlassen? ▪ Welche Gesprächsziele haben Sie erreicht? ▪ Welche neuen Erkenntnisse haben Sie über Ihren Gesprächspartner gewonnen und was sollten Sie bei zukünftigen Gesprächen beachten? ▪ Welches Bild hat der Gesprächspartner von Ihnen gewinnen können? ▪ Haben Sie sich im Gespräch richtig verhalten, bzw. was würden Sie beim nächsten Mal anders machen?

Tab. 2.12: Leitfaden zum Mitarbeitergespräch für alle Fälle

Gesprächsprotokoll für alle Fälle

Je nach Gesprächsinhalt empfiehlt es sich, ein Gespräch zu protokollieren. Insbesondere aufgrund des Allgemeinen Gleichbehandlungsgesetzes (AGG) wird es immer wichtiger, in Form eines Protokolls zu dokumentieren, dass die Gesprächsteilnehmer weder unmittelbar noch mittelbar nach einem der Diskriminierungskriterien des AGG benachteiligt wurden (Einzelheiten zum AGG finden Sie in Kapitel 7). Das folgende Protokollformular ist allgemein gehalten und muss den jeweiligen Gesprächsinhalten angepasst werden. Orientieren Sie sich dabei am vorhergehenden Gesprächsleitfaden.

Gesprächsprotokoll
Gesprächstermin: Gesprächsdauer:
Name des Vorgesetzten, Funktion:
Name des Mitarbeiters, Funktion:
Weitere Gesprächsteilnehmer, Funktion: (Hier würde auch ein Protokollant genannt werden)

Gesprächsprotokoll		
Gesprächsanlass und -ziel: ▪ Anlass: ▪ Gesprächsziel		
Ihre Sichtweise des Problems/Anlasses:		
Sichtweise des Mitarbeiters:		
Unterschiede der beiden Sichtweisen:		
Lösungsvorschläge des Mitarbeiters:		
Ihre Lösungsvorschläge:		
Gemeinsamkeiten und möglicher Kompromiss:		
Vereinbartes Ergebnis:		
Unterschriften:		
Vorgesetzter	Mitarbeiter	Protokollant

Tab. 2.13: Gesprächsprotokoll

3 Anleitung zu einzelnen Gesprächssituationen

Wie Sie aus den vorherigen Kapiteln bereits wissen, gibt es eine Reihe allgemeiner Regeln und Grundsätze, die für jede Art von Mitarbeitergespräch gleichermaßen gilt. Gleichzeitig gelten für jede Art von Mitarbeitergesprächen Besonderheiten, die berücksichtigt werden sollten. Dieses Kapitel stellt Ihnen die einzelnen Gesprächstypen detailliert vor und bietet Ihnen zahlreiche Arbeitshilfen wie Gesprächsleitfäden, Checklisten, Beispiele etc. Mitarbeitergespräche können folgendermaßen eingeordnet werden:

Regelmäßige Mitarbeitergespräche

Zu den regelmäßigen Mitarbeitergesprächen zählen:

- Zielvereinbarungsgespräch
- Ziel- und Arbeitsüberprüfung
- Beurteilungsgespräch
- Fördergespräch
- Jahresmitarbeitergespräch

Wegen ihrer Bedeutung soll über die vereinbarten Ziele, über die Einschätzung der Leistungen der Mitarbeiter und über die weitere berufliche Entwicklung in regelmäßigen Abständen gesprochen werden. Das ist auch in vielen Betrieben der Fall. In der Rolle des Beraters und Coaches trägt der Vorgesetzte mit diesen Gesprächen dazu bei, dass die betrieblichen Aufgaben effizienter und besser erledigt werden, und erreicht so einen kontinuierlichen Prozess des Leistungsmanagements.

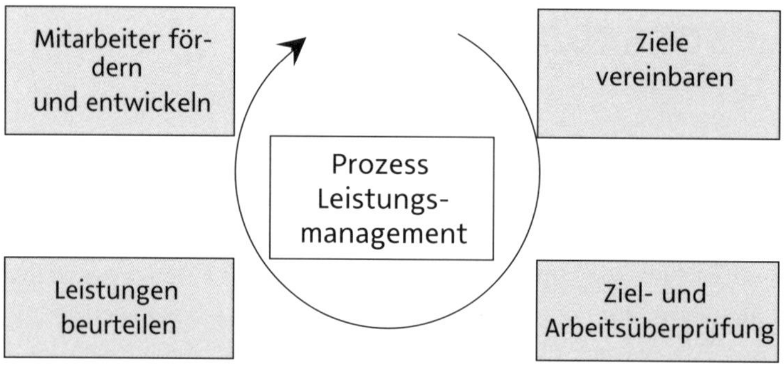

Abb. 3.1: Prozess Leistungsmanagement

Anlassabhängige Gespräche

Anlassabhängige Gespräche können kurzfristig aufgrund besonderer Ereignisse erforderlich werden (Eintritt eines neuen Mitarbeiters, aktuelles Problem, Fehlverhalten, Lob für besonders gute Leistungen, Ausscheiden eines Mitarbeiters, Einführung in eine neue Aufgabe u. a. m.). Sie sind für die Zusammenarbeit zwischen Vorgesetzten und Mitarbeitern unerlässlich und sollten mit der gleichen Sorgfalt wie die regelmäßigen Mitarbeitergespräche vorbereitet werden.

Anlassabhängige Gespräche sind:

- Einführungsgespräch
- Feedbackgespräch (Anerkennung und Kritik)
- Rückkehrgespräch/Fehlzeitengespräch
- Disziplinar- und Abmahnungsgespräch
- Kündigungsgespräch
- Abgangsgespräch
- Unterweisungsgespräch
- Delegationsgespräch
- Coachinggespräch

Sonderfälle

Bei den nachfolgenden Gesprächen handelt es sich nicht um typische Mitarbeitergespräche im Sinne der eingangs dargelegten Abgrenzung. Gleichwohl kommen auch diese Gespräche im betrieblichen Alltag häufig vor, so dass auf eine kurze Darstellung nicht verzichtet werden sollte. Zu den Sonderfällen zählen:

- Vorstellungsgespräch
- Teamgespräch
- Lehrgespräch

Gruppe 1: Regelmäßige Mitarbeitergespräche

3.1 Zielvereinbarungsgespräch

Zielvereinbarungsgespräche finden im Rahmen des „*Management-by-objectives-Führungsstils*" (Führen durch Ziele) statt.

! **ACHTUNG**

In diesen Gesprächen vereinbaren der Vorgesetzte und der Mitarbeiter, welche Anforderungen innerhalb einer bestimmten Zeitspanne auf den Arbeitsplatz des Mitarbeiters zukommen, welche Aufgaben daraus erwachsen werden und welche Erwartungen der Vorgesetzte und der Mitarbeiter an die Erledigung dieser Aufgaben haben.

Zielvereinbarungen sind wichtig, denn

- der Mitarbeiter erfährt, was der Vorgesetzte von ihm erwartet,
- der Vorgesetzte und der Mitarbeiter sprechen über die konkreten Aufgaben des Mitarbeiters und verbessern so ihre Kommunikation und
- eine objektivere Leistungsbeurteilung wird möglich.

Zielvereinbarungsgespräche sind jedoch nur so gut wie die dabei vereinbarten Ziele. Vielfach werden Ziele und Aufgaben verwechselt und reine Tätigkeitsbeschreibungen vereinbart („Legen Sie Ihrem Vorgesetzten jeweils zum Ende des Quartals die Statistik X vor."). Bei wirklichen Zielen ist lediglich das Ergebnis vorgegeben; der Weg zum Ergebnis bleibt dem Mitarbeiter überlassen.

- Vereinbaren Sie nur Ziele mit einem bedeutungsvollen Inhalt. Geringfügige Ziele tragen nicht zur Motivation des Mitarbeiters bei (Einzelheiten zur Zielvereinbarung vgl. Kapitel 5)
- Orientieren Sie sich beim Inhalt und Umfang der Ziele an der Erfahrung und Reife des Mitarbeiters. Ziele sollen zwar herausfordernd, aber dennoch realistisch und erreichbar sein.
- Überprüfen Sie regelmäßig die Aktualität der vereinbarten Ziele.
- Legen Sie eine eindeutige Zeitspanne (oder einen bestimmten Zeitpunkt) für die Zielerreichung fest.
- Geben Sie dem Mitarbeiter in regelmäßigen Abständen ein Feedback.
- Formulieren Sie präzise Ziele. Beschreiben Sie genau, welches Ergebnis erwartet wird. Achten Sie auf die Messbarkeit der vereinbarten Ziele.

BEISPIEL

Quantitatives Ziel mit Zeitlimit	**Senkung der Kosten in einer Abteilung um 10 % bis Jahresende**
Qualitatives Ziel mit Zeitlimit	**Entwicklung eines Konzepts zur Einführung einer Mitarbeiterbeurteilung bis Jahresende**

Die tatsächliche Zielvereinbarung findet im Gespräch statt. Eine mögliche Gliederung ist in dem folgenden Leitfaden enthalten.

Leitfaden: Zielvereinbarungsgespräch

1. Gesprächseröffnung
   - Anlass des Gesprächs klären

   ....

   ....

   - Grundsätzliches zum Führen mit Zielen

   ....

   ....

   - bisherige Erfahrungen mit Zielvereinbarungen

   ....

   ....

2. Bereichsziele aus dem übergeordneten System besprechen und auf den Aufgabenbereich des Mitarbeiters herunterbrechen

   [Notizen]

Leitfaden: Zielvereinbarungsgespräch

3. Darstellung von zukünftigen Anforderungen an den Arbeitsplatz und daraus resultierende Aufgaben für den Mitarbeiter

[Notizen]

4. Kommentierung und Weiterführung der Darstellung des Mitarbeiters durch den Vorgesetzten

[Notizen]

5. Inhaltliche Vereinbarung zwischen dem Vorgesetzten und dem Mitarbeiter über konkrete Ziele, Schwerpunkte und Prioritäten

[Notizen]

6. Diskussion unvorhersehbarer Probleme und Schwierigkeiten bei der Zielerreichung

[Notizen]

7. Vereinbarung der Rahmenbedingungen
   Maßstäbe zur Überprüfung der Zielerreichung (Quantität, Qualität, Kosten etc.)

   ....

   ....

   Termine für Zwischenüberprüfungen

   ....

   ....

   Zeitspanne bzw. Endtermin

   ....

   ....

8. Überprüfung der Ressourcen des Mitarbeiters; verfügt der Mitarbeiter über notwendige und ausreichende Kenntnisse und/oder Fertigkeiten?

[Notizen]

Leitfaden: Zielvereinbarungsgespräch
9. Ggf. zusätzliche Qualifizierungsmaßnahmen festlegen
[Notizen]
10. Überprüfen der Kompetenzen, um notwendige Entscheidungen treffen zu können
[Notizen]
11. Zeitliche Kapazitäten des Mitarbeiters bzw. der diesem unterstellten Mitarbeiter
[Notizen]
12. Finanzielle Mittel
[Notizen]
13. Schriftliche Dokumentation der Ziele und Vereinbarungen
[Notizen]
14 Gesprächsabschluss
[Notizen]

Tab. 3.1: Leitfaden: Zielvereinbarungsgespräch

3.2 Ziel- und Arbeitsüberprüfung

Mit dem Gespräch zur Ziel- und Arbeitsüberprüfung wird die kontinuierliche Kommunikation zwischen dem Vorgesetzten und dem Mitarbeiter über Aufgaben sowie Fortschritte in der Zielerreichung sichergestellt.

Diese Gespräche stellen einerseits sicher, dass die Unterstützung des Mitarbeiters durch den Vorgesetzten nicht dem Tagesgeschäft „zum Opfer fällt“, sondern regelmäßig in dem jeweils benötigten Umfang erfolgt. Auf der anderen Seite nimmt der Vorgesetzte in diesen Gesprächen die nachfolgenden Führungsaufgaben wahr:

- Anleitung und Beratung des Mitarbeiters (Coaching)
- Feedback und Motivation
- Steuerung und Kontrolle mit Blick auf die Zielerreichung

! **WICHTIG**

Planen Sie mit jedem Mitarbeiter feste Termine zur Ziel- und Arbeitsüberprüfung ein. In der Praxis haben sich monatliche Gespräche von jeweils 30—60 Minuten je Mitarbeiter bewährt.

Ein Gespräch zur Ziel- und Arbeitsüberprüfung sollte nicht jegliche Art der Kommunikation zum Inhalt haben. Wichtige und eilige Dinge werden weiterhin im Rahmen der täglichen Zusammenarbeit besprochen. Dagegen gehören Fortschritte in der Projektarbeit oder Probleme bei der Zielerreichung in das Gespräch zur Ziel- und Arbeitsüberprüfung.

Diese Art der inhaltlichen Aufteilung birgt einen wichtigen Nebeneffekt: Der Mitarbeiter wägt ab, was sofort besprochen werden muss und was bis zum nächsten Gesprächstermin warten kann. Dies führt zu einer insgesamt effektiveren Arbeitsweise für Mitarbeiter und Vorgesetzten.

Leitfaden: Gespräch zur Ziel- und Arbeitsüberprüfung

1. Gesprächseröffnung
   - Der Mitarbeiter gibt einen Überblick über die Themen, die er ansprechen möchte.

     ....

     ....

   - Der Vorgesetzte ergänzt um die Themen, die ihm wichtig erscheinen.

     ....

     ....

   - Vereinbarung der Gesprächsdauer.

     ....

     ....

2. Jede Aufgabe, jedes Ziel einzeln betrachten. ▪ Was genau soll erreicht werden und wo steht der Mitarbeiter heute? .... ▪ Dem Mitarbeiter die Möglichkeit geben, seine Meinung darzustellen und Gefühlen Luft zu machen. .... ▪ Gemeinsam Ursachen erforschen und Lösungen finden. ....
3. Maßnahmen zur Weiterentwicklung des Mitarbeiters einleiten.
[Notizen]
4. Dokumentation der vereinbarten Maßnahmen.
[Notizen]
5. Gesprächsabschluss
[Notizen]

Tab. 3.2: Leitfaden: Gespräch zur Ziel- und Arbeitsüberprüfung

3.3 Beurteilungsgespräch

Das Beurteilungsgespräch bildet den *Abschluss der Mitarbeiterbeurteilung* (vgl. Kapitel 6). Nur wenn die Mitarbeiter verstehen und nachvollziehen können, warum der Vorgesetzte bestimmte Leistungen und Verhaltensweisen als Stärke oder Schwäche bewertet, wird die Beurteilung Erfolg haben und zu Leistungssteigerungen und Verhaltensänderungen beitragen.

Dem Beurteilungsgespräch stehen in der Regel sowohl der Vorgesetzte als auch der Mitarbeiter mit gemischten Gefühlen gegenüber. Häufig sieht sich der Vorgesetzte in einer Rechtfertigungssituation. Von ihm wird erwartet, seine Bewertungen stichhaltig zu begründen und zu erläutern. Der Beurteilte seinerseits sieht dem Beurteilungsgespräch oftmals mit einem Gefühl der Hilflosigkeit, des Ausgeliefertseins und mit Skepsis entgegen. Nur in Ausnahmefällen wird das Bild des Vorgesetzten (Fremdbild) dem eigenen Bild (Selbstbild) entsprechen.

! **WICHTIG**

Das Beurteilungsgespräch stellt hohe Anforderungen an die Beteiligten. Unterschiedliche Sichtweisen müssen akzeptiert werden, woraus ggf. eine Korrektur der Beurteilung resultieren kann. Die Bereitschaft hierzu darf nicht als Schwäche empfunden werden. Wenn diese Einstellung bei den Beteiligten vorhanden ist, dann bietet das Beurteilungsgespräch eine reelle Chance auf Verbesserung der Zusammenarbeit und damit höhere Zufriedenheit auf beiden Seiten.

Inhaltlich hat das Beurteilungsgespräch viel mit dem Feedbackgespräch gemeinsam. In beiden Fällen geht es darum, *gute Leistungen anzuerkennen und schlechte Leistungen zu verbessern*. Ein wichtiger Unterschied zwischen beiden Gesprächen liegt in der wesentlich umfassenderen Bedeutung des Beurteilungsgesprächs.

Während es sich beim Feedbackgespräch um eine Momentaufnahme handelt, entfaltet das Beurteilungsgespräches weitreichende Konsequenzen. Das Gesprächsergebnis geht in die Personalakte ein; es wird für weiterführende Entscheidungen wie Versetzungen, Beförderungen und Gehaltserhöhungen herangezogen und prägt insgesamt die Sichtweise des Vorgesetzten gegenüber dem Mitarbeiter.

Checkliste: Beurteilungsgespräch

- Kündigen Sie das Beurteilungsgespräch immer rechtzeitig an, damit der Mitarbeiter ausreichend Gelegenheit hat, sich darauf vorzubereiten. Nur so erfahren Sie seine Selbsteinschätzung und Bedürfnisse.
- Begründen Sie Ihre Beurteilungen immer nur durch sachliche, stichhaltige und abgesicherte Daten und Fakten, die aus eigener Beobachtung stammen.
- Reden Sie nicht um den „heißen Brei" herum, wenn es um heikle Themen geht; beziehen Sie Stellung und finden Sie deutliche Worte.
- Konzentrieren Sie sich nicht ausschließlich auf die eigene Argumentation. Hören Sie auch die Argumentation Ihres Mitarbeiters an, um Emotionen zu erkennen und darauf reagieren zu können.
- Seien Sie offen und flexibel, wenn sich die Argumentation des Mitarbeiters als richtig herausstellt. Ändern Sie Ihre Beurteilung entsprechend.

Checkliste: Beurteilungsgespräch

- Versuchen Sie, im Beurteilungsgespräch Überraschungen zu vermeiden. Sprechen Sie vorwiegend solche Punkte an, die Sie auch schon in den Feedbackgesprächen erwähnt haben. Das Beurteilungsgespräch stellt eine Art Gesamtschau dar; es wäre nicht fair, ein Fehlverhalten erst im Beurteilungsgespräch anzusprechen, das zunächst toleriert wurde.

Wie bei anderen Mitarbeitergesprächen ist auch der Ablauf eines Beurteilungsgesprächs nie exakt vorhersehbar. Die folgenden Ablaufstufen stellen jedoch eine Art „roten Faden" dar, der insbesondere bei etwas hitzigeren Gesprächssituationen dazu beiträgt, sich nicht in Details zu verlieren, sondern in der eigentlichen Sache voranzukommen.

Leitfaden: Beurteilungsgespräch

1. Gesprächseinstieg
   Es soll ein positiver Gesprächseinstieg sein, darin sind sich alle einig. Jedoch nennen Literatur und Praxis unterschiedliche Vorschläge, wie ein solcher Gesprächseinstieg am besten zu erreichen ist. Oftmals wird empfohlen, zunächst über aktuelle Themen aus dem Arbeitsbereich des Mitarbeiters zu sprechen und dann ins Beurteilungsgespräch überzuleiten. Erfahrungen der Autoren haben aber gezeigt, dass die Mitarbeiter, wenn sie wissen, dass es eigentlich um das Beurteilungsgespräch geht, diese Vorgehensweise ablehnen. Sie wollen nicht erst „Honig um den Bart geschmiert" bekommen. Insbesondere bei guten Mitarbeitern hat sich ein offener, neutraler Einstieg bewährt. Seien Sie also als Person freundlich, erläutern Sie den Gesprächsanlass und geben Sie einen kurzen Überblick über den Ablauf und die Vorgehensweise.

   [Notizen]

2. Die Sichtweise des Mitarbeiters zuerst
   Geben Sie zunächst dem Mitarbeiter Gelegenheit, auf der Basis seiner eigenen Gesprächsvorbereitung (Selbstbeurteilung, vgl. Seite 174) seine eigene Sichtweise darzustellen. Unterstützen Sie ihn, wenn nötig, mit den folgenden Fragen:
   - Was ist gut gelaufen und warum?

     ....

     ....
   - Was ist nicht so gut gelaufen und warum nicht?

     ....

     ....
   - Was hat Spaß gemacht und was hat Frust erzeugt?

     ....

     ....

- Welche Ziele hat der Mitarbeiter für das nächste Jahr?

....

....

Unterbrechen Sie den Mitarbeiter nur, wenn Sie etwas nicht verstanden haben und deshalb nachfragen müssen.

3. Ihre eigene Sichtweise
   Legen Sie nun Ihre eigene Sichtweise dar. Gehen Sie dabei auf die Ausführungen des Mitarbeiters ein:
   - Welche Ausführungen Ihres Mitarbeiters können Sie bestätigen, korrigieren und/ oder ergänzen?

   ....

   ....

   - Welche Gemeinsamkeiten und Abweichungen zu Ihrer Sichtweise gibt es und warum?

   ....

   ....

   Vermeiden Sie, mit einer Gesamtbeurteilung der Leistungen zu beginnen, oder den Beurteilungsbogen Punkt für Punkt durchzugehen. Vielmehr hat es sich in der Praxis bewährt, die eigene Argumentation auf den grundlegenden Verhaltensweisen des Mitarbeiters aufzubauen und deren Auswirkungen auf die einzelnen Aufgabenbereiche des Mitarbeiters aufzuzeigen. Mit dieser Vorgehensweise wird eine differenzierte, nachvollziehbare, individuelle und damit insgesamt überzeugende Beurteilung des Mitarbeiters sichergestellt.

   [Notizen]

4. Gelegenheit für Gefühle
   Geben Sie dem Mitarbeiter Gelegenheit, seinen Gefühlen (Wut, Enttäuschung, Frust ...) Luft zu machen. Akzeptieren Sie, dass es in diesem Moment nicht um Sachlichkeit, sondern um Emotionalität geht. Versuchen Sie, die Gefühle und die darin verborgenen Motive und Bedürfnisse des Mitarbeiters zu erkennen.

   [Notizen]

5. Zurück zur Sachlichkeit
   Arbeiten Sie gemeinsam übereinstimmende und abweichende Meinungen heraus. Suchen Sie dabei nach Ursachen für Stärken und Schwächen und nach Lösungsmöglichkeiten. Verzichten Sie auf Monologe; beteiligen Sie den Mitarbeiter an der Erarbeitung von Lösungen und machen Sie ihn so für diese mitverantwortlich.

   [Notizen]

6. Beenden Sie das Gespräch mit einem Ergebnis
   Veränderungen finden nur statt, wenn sie verbindlich vereinbart werden. Halten Sie die folgenden Punkte als Gesprächsergebnis schriftlich fest:
   - Welche Erwartungen haben Sie zukünftig an die Leistungen und das Verhalten des Mitarbeiters?

   ....

   ....

   - Welche Hilfestellungen werden Sie dem Mitarbeiter geben?

   ....

   ....

   - Wie und mit welchen Maßstäben werden Sie zukünftig kontrollieren?

   ....

   ....

Tab. 3.3: Leitfaden für ein Beurteilungsgespräch

Was geschieht aber, wenn keine Einigung mit dem Mitarbeiter erzielt werden kann? In diesem Fall sollten Sie noch stärker darauf achten, dass die gegenseitigen Positionen klar und transparent herausgearbeitet werden, damit beide Gesprächspartner die Meinung des anderen zumindest nachvollziehen, wenn schon nicht akzeptieren können. Die eigentliche Beurteilung wird dann gemäß der Sichtweise des Vorgesetzten ausfallen; dem Mitarbeiter sollte Gelegenheit zu einer Gegendarstellung gegeben werden.

3.4 Fördergespräch

Die Bildung und Förderung(Personalentwicklung) der Mitarbeiter gehören zu den Führungsaufgaben jedes Vorgesetzten. Dabei geht es im Wesentlichen um drei Aspekte:

- Immer mehr Mitarbeiter streben von sich aus nach Aufstieg und Weiterbildung; sie wollen neue Aufgabenbereiche, Kompetenzen und Verantwortung übernehmen.
- Unabhängig von ihrem Leistungsstand müssen Mitarbeiter unterstützt werden, damit ihre Kenntnisse und Fähigkeiten mit den Veränderungen am Markt und den daraus resultierenden neuen Anforderungen Schritt halten können.

- Neue oder leistungsschwache Mitarbeiter müssen durch Bildungsmaßnahmen unterstützt werden, damit sie möglichst rasch die Anforderungen ihres Arbeitsplatzes erfüllen.

! **WICHTIG**

Wegen ihrer Bedeutung für die berufliche Entwicklung der Mitarbeiter werden Fördergespräche in vielen Unternehmen in regelmäßigem Turnus (z. B. alle zwei Jahre) durchgeführt. Zusätzlich können sie auch anlassabhängig (z. B. im Rahmen einer Nachfolgeentscheidung oder auf Wunsch des betroffenen Mitarbeiters) stattfinden.

Das Fördergespräch kann entweder in Verbindung mit dem Beurteilungsgespräch oder aber als separates Gespräch geführt werden. Die Zuständigkeit für dieses Gespräch liegt zunächst beim direkten Vorgesetzten, denn er kennt die Stärken, Schwächen und Potenziale seiner Mitarbeiter am besten. Es gibt allerdings zwei wichtige Gründe, warum der unmittelbare Vorgesetzte diese umfassende Förderaufgabe nicht wahrnehmen kann:

- Entweder der Vorgesetzte ist nicht der Methodenspezialist, der durch eine sinnvolle Zusammenstellung von Maßnahmen zu einer effektiven Förderung beiträgt oder
- der Vorgesetzte verfügt nicht über alle Informationen, insbesondere wenn es um die Entwicklung außerhalb der eigenen Abteilung geht.

Daher empfiehlt sich eine enge Zusammenarbeit zwischen dem Vorgesetzten und den Mitarbeitern der Personalentwicklung. Insbesondere zwei Varianten der Zusammenarbeit sind denkbar, wobei beide eine enge Abstimmung zwischen den Beteiligten voraussetzen:

- Der Vorgesetzte und der Personalentwickler besprechen vorab die spezifische Ausgangssituation eines jeden Mitarbeiters und diskutieren die jeweiligen Entwicklungsmöglichkeiten. Das eigentliche Fördergespräch führt der Vorgesetzte dann allein.
- Der Vorgesetzte übernimmt die Fördergespräche für Mitarbeiter, die sich vorwiegend innerhalb seiner Abteilung entwickeln werden. Der Personalentwickler übernimmt dagegen die Fördergespräche für solche Mitarbeiter, deren Entwicklung voraussichtlich abteilungsübergreifend stattfinden wird.

Wie bei jedem Gespräch trägt eine gute Vorbereitung wesentlich zu einem erfolgreichen Fördergespräch bei. Nutzen Sie alle vorhandenen Informationen (die letzte

Beurteilung, Protokolle der letzten Mitarbeitergespräche, die Personalakte), und bereiten Sie sich so auf die individuelle Entwicklungssituation Ihres Mitarbeiters vor.

Inhalt und Gliederung eines Fördergesprächs

1. Schaffen Sie von Anfang an eine positive Gesprächsatmosphäre.
   - Inhalte und Lernziele des Fördergesprächs

     ....

     ....
   - grobe Zeitplanung

     ....

     ....
   - notwendige finanzielle Mittel

     ....

     ....
   - In welcher Weise können Sie selbst den Mitarbeiter bei der Entwicklung unterstützen?

     ....

     ....
   - Wie soll der Entwicklungsfortschritt beobachtet und sichergestellt werden?

     ....

     ....

2. Nennen Sie den Gesprächsanlass und erläutern Sie Ablauf und Vorgehensweise.

   [Notizen]

3. Gehen Sie auf die Vorbereitungen des Mitarbeiters ein. Erfragen Sie Ziele, Erwartungen, Interessen und Wünsche.
   Beachten Sie: Nicht alle Mitarbeiter wollen sich weiterentwickeln, um weiterführende Aufgaben zu übernehmen. Orientieren Sie sich neben den betrieblichen Erfordernissen auch an den Bedürfnissen und Erwartungen der Mitarbeiter.

   [Notizen]

4. Gehen Sie auf die Ergebnisse der letzten Beurteilung ein. Besprechen Sie Stärken, Entwicklungsbedarf, Potenziale.	
[Notizen]	
5. Diskutieren Sie die betrieblichen Möglichkeiten.	
[Notizen]	
6. Legen Sie Entwicklungsmaßnahmen fest und beschreiben Sie diese.	
[Notizen]	

Tab. 3.4: Inhalt und Gliederung eines Fördergesprächs

Wegen der Bedeutung des Fördergesprächs ist es ganz besonders wichtig, dass auch der Mitarbeiter sich umfassend vorbereitet. Schließlich werden durch dieses Gespräch die Weichen für die berufliche Entwicklung in den nächsten Jahren gestellt.

Zur Erleichterung der Vorbereitung und um sicherzustellen, dass der Mitarbeiter die zu besprechenden Probleme auch richtig erkennt, kann ihm zusammen mit der Einladung ein Vorbereitungsblatt oder ein Fragenkatalog zugesandt werden.

Vorbereitung des Mitarbeiters auf das Fördergespräch
▪ Waren Ihnen in der Vergangenheit Ihre Arbeitsziele ausreichend bekannt? ▪ Was hat Sie in der Vergangenheit bei Ihrer Arbeit besonders behindert oder begünstigt? ▪ Welche Arbeitsziele sehen Sie für die Zukunft als wichtig an? ▪ Mit welchen technischen oder organisatorischen Änderungen ist zu rechnen? ▪ Konnten Sie in der Vergangenheit alle Ihre Fähigkeiten zum Einsatz bringen? ▪ Sehen Sie eine andere Tätigkeit als geeigneter an? ▪ Welche Erwartungen haben Sie an das Unternehmen hinsichtlich Ihrer beruflichen Weiterbildung? ▪ Welche Position im Unternehmen streben Sie an? ▪ Decken sich Ihre eigenen Erwartungen mit den Notwendigkeiten des Unternehmens?

Tab. 3.5: Vorbereitung des Mitarbeiters auf das Fördergespräch

3.5 Jahresmitarbeitergespräch

Mit dem Jahresmitarbeitergespräch werden drei bereits beschriebene Gesprächsanlässe zusammengefasst:

- das *Beurteilungsgespräch* auf Basis der vorangegangenen Zielvereinbarungen,
- das Förder- und Entwicklungsgespräch,
- das *Zielvereinbarungsgespräch* für das Folgejahr.

Das mag nach Rationalisierung klingen, wenn statt drei Gesprächen nur noch ein einziges geführt werden muss. Dies ist jedoch nicht der entscheidende Grund für die Zusammenfassung der drei Gesprächsanlässe. Das Jahresmitarbeitergespräch hat vielmehr den großen Vorteil, dass die wichtigsten Punkte der übergreifenden Personalführung zusammenhängend besprochen werden können. Dafür sollten Sie sich dann auch erheblich mehr Zeit nehmen, als wenn Sie diese Gespräche jeweils separat durchführen. Die Zusammenfassung sollte nicht dazu führen, dass Sie insgesamt seltener mit Ihren Mitarbeitern sprechen.

Abweichend von der bisherigen Darstellungsweise ist der nachfolgende Leitfaden in Form eines Protokolls konzipiert. Er umfasst die wesentlichen Aspekte, auf die ein Jahresmitarbeitergespräch eingehen sollte.

Jahresmitarbeitergespräch: Leitfaden und Protokoll

Name d. Vorgesetzten	Name d. Mitarbeiters	Datum des Gesprächs
Funktion	Funktion	Betrachtungszeitraum

Sicht des Vorgesetzten	**Sicht des Mitarbeiters**	**Vereinbarungen**
1. Leistung/Zusammenarbeit der Vergangenheit		
Welche vereinbarten Ziele und Leistungsstandards wurden erreicht?		
Welche Faktoren haben den Mitarbeiter unterstützt, diese zu erreichen?		
Welche Faktoren haben den Mitarbeiter dabei behindert?		

Zusammenarbeit, Kommunikation und Unterstützung durch den Vorgesetzten?		
2. Ziele und Vereinbarungen für das Folgejahr		
Ziele, Aufgaben und Leistungsstandards:		
Maßnahmen zur Verbesserung von Zusammenarbeit und Kommunikation:		
Förder- und Entwicklungsmaßnahmen:		
Unterstützung durch den Vorgesetzten:		
Sonstige Vereinbarungen:		
Datum/Unterschrift	Datum/Unterschrift	Verteiler: Original: Vorgesetzter Kopie: Mitarbeiter Kopie: Personalakte

Tab. 3.6: Jahresmitarbeitergespräch: Leitfaden und Protokoll

Gruppe 2: Anlassabhängige Gespräche

3.6 Einführungsgespräch

Das Verhältnis neuer Mitarbeiter zum Betrieb wird in starkem Maße von den Geschehnissen und Eindrücken während der ersten Arbeitswochen mitbestimmt. Die Erfahrung zeigt, dass die Fluktuationsrate in der ersten Zeit nach erfolgtem Eintritt besonders hoch ist. Selbst wenn die problematische Situation auf dem Arbeitsmarkt manchen vor einer kurzfristigen Kündigung zurückhält, so ist bei einer falschen Einführung zumindest ein erster Schritt in Richtung „innere Kündigung" nicht auszuschließen.

Ein ausführliches Einführungsgespräch sollte nicht nur mit neu eingestellten Mitarbeitern, sondern auch bei Versetzungen und Beförderungen vorhandener Mitarbeiter geführt werden. Dazu gehören auch Auszubildende und Trainees, die im Rahmen eines festen Planes die einzelnen Abteilungen des Unternehmens durchlaufen.

All diese Situationen haben eines gemeinsam: Die neuen Mitarbeiter betreten neues, unbekanntes Terrain. Sie müssen sich auf neue Aufgaben, neue Kollegen sowie einen neuen Vorgesetzten einstellen. Ihr Zugehörigkeits- und Sicherheitsgefühl wird damit stark gemindert. Auf vertraute Gewohnheiten können sie kaum zurückgreifen; sie müssen sich vielmehr völlig neu orientieren. Für den Vorgesetzten gilt es, die neuen Mitarbeiter sowohl in ihr Aufgabengebiet einzuweisen als sie auch in die Betriebsgemeinschaft mit ihren vielen geschriebenen und ungeschriebenen Gesetzen einzuführen.

TIPP

Die ersten Eindrücke beeinflussen erheblich die weitere Entwicklung eines neuen Mitarbeiters. Fördern Sie deshalb die schnelle Integration ins Team, und vermitteln Sie ein Zugehörigkeitsgefühl vom ersten Tag an.

Nervöse Reaktionen, Fragen oder ungewöhnliche Verhaltensweisen des neuen Mitarbeiters, die in der ersten Zeit auftreten, sollten nicht überbewertet werden. Denn die neue Umgebung übt auf den Mitarbeiter Druck und Stress aus, so dass dieser gerade in dieser Zeit nicht immer in der für ihn eigentlich typischen Weise reagiert. Echte Fehler sollten zwar besprochen, jedoch nicht dramatisiert werden.

Erste Maßnahmen werden bereits vor der Arbeitsaufnahme durch den neuen Mitarbeiter erforderlich. Dazu zählen u. a.:

- Die Einrichtung oder Vorbereitung des Arbeitsplatzes (Schreibtisch, Werkbank, Geräte, Dienst- und Schutzkleidung usw.),
- die Bereitstellung von Organisationsplänen, Arbeitsanweisungen, Stellenbeschreibungen,

- die Auswahl und Vorbereitung eines „Paten“, der dem neuen Mitarbeiter als Kontaktperson benannt wird, ihn während der ersten Wochen betreut und ihm als Gesprächspartner zur Verfügung steht,
- die Information der künftigen Kollegen über die Ankunft des neuen Mitarbeiters.

Thema des Einführungsgespräches ist zunächst die gegenseitige Vorstellung. Die notwendigen Informationen zum Unternehmen sollte der Vorgesetzte nur als Überblick geben bzw. auf eventuell vorhandene, andere Einführungsinstrumente verweisen (Mitarbeiterhandbuch, Einführungsschrift, Einführungsveranstaltung für neue Mitarbeiter). Wichtiger ist es, den Ablauf des ersten Tages zu erläutern und auf das Aufgabengebiet des neuen Mitarbeiters einzugehen. Letztlich sollten die gegenseitigen Erwartungen geklärt werden, d. h. was der neue Mitarbeiter von seinem Aufgabengebiet, dem Team sowie dem Vorgesetzten erwartet.

Andererseits soll auch der Vorgesetzte benennen, welche Aufgaben der neue Mitarbeiter wann beherrschen soll, welche Kriterien er für das Feedback und eine Beurteilung zugrunde legt und welche Rolle der neue Mitarbeiter im Team spielen soll.

Checkliste: Einführungsgespräch

- Planen Sie am ersten Tag genügend Zeit für ein erstes Gespräch mit dem neuen Mitarbeiter ein.
- Stellen Sie sich ihm vor und erläutern Sie kurz Ihre Funktion und Aufgaben.
- Geben Sie dem neuen Mitarbeiter Gelegenheit, sich selbst vorzustellen.
- Mut zur Lücke! Beschränken Sie sich auf die für den ersten Tag wirklich wichtigen Informationen. Vermeiden Sie Monologe und zu lange Unternehmensdarstellungen, um den „Neuen“ nicht mit Informationen zu überfordern.
- Berücksichtigen Sie, dass der neue Mitarbeiter nicht alle Informationen aus dem Einführungsgespräch behalten wird. Unterstützen Sie Ihre Ausführungen durch eine Einführungsschrift (vgl. unten) oder stellen Sie anderweitig sicher, dass er die wichtigsten Informationen nach dem Gespräch erneut einholen kann (z. B. von dem Kollegen, der ihn einarbeiten soll oder von einem Paten).
- Damit Sie einen guten ersten Eindruck von dem neuen Mitarbeiter erhalten, sollte sein Redeanteil in diesem Einführungsgespräch deutlich höher sein als Ihr eigener.

Checkliste: Einführungsgespräch

- Ermutigen Sie den neuen Mitarbeiter, von sich selbst zu sprechen; geeignete Themen sind die bisherige Tätigkeit, dabei gesammelte Erfahrungen usw.
- Greifen Sie aus seinen Ausführungen die Dinge heraus, die am neuen Arbeitsplatz ähnlich sind. Damit stärken Sie sein Sicherheitsgefühl.
- Vermeiden Sie Vorurteile; der neue Mitarbeiter soll sich seine eigene Meinung bilden.
- Machen Sie auch auf „ungeschriebene Gesetze" aufmerksam, damit der neue Mitarbeiter nicht ungewollt ins Fettnäpfchen tritt.
- Wecken Sie keine falschen Hoffnungen oder Erwartungen, die Sie nicht einhalten können.

TIPP

Stellen Sie sicher, dass sich der neue Mitarbeiter am ersten Tag nicht nur mit der Lektüre von Unternehmensbroschüren oder ausschließlich mit Kopierarbeiten oder ähnlichem beschäftigen muss. Veranlassen Sie, dass eine erste echte Aufgabe für diesen Tag vorbereitet wird.

Gerade in der Einarbeitungsphase sind Gespräche besonders wichtig. Belassen Sie es daher nicht bei diesem einzigen Einführungsgespräch, sondern nehmen Sie sich in regelmäßigen Abständen erneut Zeit für den neuen Mitarbeiter. So können Sie rechtzeitig eingreifen, bevor etwas aus dem Ruder läuft und tragen damit insgesamt zu einer erfolgreichen Einarbeitung bei.

Bei der Fülle der auf den neuen Mitarbeiter zukommenden Informationen stößt dieser bald an die Grenze seiner Aufnahmefähigkeit. Deshalb empfiehlt es sich, die wesentlichen Aussagen in einer Einführungsschrift zusammenzufassen. Eine solche Schrift erlaubt es dem neuen Mitarbeiter, die einzelnen Punkte nochmals in Ruhe nachzulesen; sie bietet außerdem Gewähr für eine vollständige und objektive Darstellung der betrieblichen Gegebenheiten. Um jederzeit die notwendige Aktualität sicherzustellen, empfiehlt sich die Einführungsschrift in Loseblattform als Ringbuch oder Schnellhefter.

Inhalt einer Einführungsschrift

- Grußworte (Geschäftsführung, Personalabteilung, Betriebsrat)
- Vorstellung des Unternehmens
  - Geschichtliche Entwicklung
  - Rechtsform, Kapitalverhältnisse, Konzernzugehörigkeit usw.
  - Organe des Unternehmens
  - Organisation (Betriebsstätten, Abteilungen); Organisationspläne
  - Produkte
  - Kennzahlen (Umsatzentwicklung, Anzahl Mitarbeiter)
- Führungsinstrumente
  - Führungsgrundsätze
  - Führen mit Zielvereinbarungen
  - Mitarbeiterbeurteilung
  - Betriebliches Vorschlagswesen
  - Interne Stellenausschreibung
- Allgemeine Regelungen
  - Arbeits-/Betriebsordnung Regelung der Arbeitszeit
  - Datenschutz
  - Sicherheits- und Unfallverhütungsvorschriften
  - Umgang mit Kunden, Lieferanten, Medien
- Personalentwicklung
  - Grundsätze
  - Berufsausbildung
  - Betriebliche Weiterbildung
  - Bildungsurlaub
- Betriebliche Leistungen
  - Lohn- und Gehaltsfindung
  - Sonstige finanzielle Leistungen
  - Prämiensysteme
  - Betriebliche Altersversorgung
  - Andere Sozialleistungen
  -
- Betriebliche Einrichtungen
  - Kantine
  - Parkplätze
  - Betriebskindergarten —Freizeiteinrichtungen
- Umweltschutz
- Betriebsrat
  - Mitglieder
  - Aufgaben
  - Sprechzeiten
- Betriebsarzt
- Telefonregister
- Aktuelle Betriebsvereinbarungen
- Informationen für besondere Zielgruppen
  - Ausländische Mitarbeiter
  - Auszubildende, Praktikanten, Trainees

Tab. 3.7: Inhalt einer Einführungsschrift

3.7 Feedbackgespräch (Anerkennung und Kritik)

Grundsätzliches zum Feedback wurde bereits unter dem Stichwort „Gesprächstechnik" dargestellt. Durch ein regelmäßiges Feedback können Missverständnisse zwischen den Gesprächspartnern weitgehend vermieden werden. An dieser Stelle geht es um das eigentliche Feedbackgespräch, dessen Inhalte vor allem das gemeinsame Besprechen von Leistungen, Erfolgen und Fehlern, einschließlich der damit verbundenen Anerkennung und Kritik sind. Mit Blick auf das Gesprächsziel, eine gute Leistung des Mitarbeiters sicherzustellen, ist das Feedbackgespräch eines der wichtigsten Mitarbeitergespräche.

Trotz der Bedeutung des Feedbackgesprächs tun sich viele Vorgesetzte oft schwer, ihren Mitarbeitern wirklich Feedback zu geben. Lob und Anerkennung, obwohl positiv gemeint, werden zu selten ausgesprochen. Und noch viel schwieriger wird es, wenn Fehlverhalten angesprochen werden muss. Oftmals wird die Chance, die das Gespräch in einer solchen Situation bietet, verkannt. Denn schließlich geht es bei der Kritik nicht um ein vorsätzliches und unbegründetes Abkanzeln eines Mitarbeiters, sondern um den richtigen Umgang mit Fehlern oder Fehlverhalten. Ein Vorgesetzter, der aus Harmoniebedürfnis, fehlendem Selbstvertrauen oder mangelnder Konfliktbereitschaft Fehler seiner Mitarbeiter nicht anspricht, handelt verantwortungslos. Er gibt seinen Mitarbeitern keine Chance, fehlerhaftes Verhalten zu korrigieren.

! **ACHTUNG**

Lob und Anerkennung gehören ebenso wie richtig ausgesprochene Kritik zu den täglichen Führungsaufgaben. Die Praxis zeigt jedoch, dass Lob und Anerkennung viel zu selten ausgesprochen werden, weil gute Leistungen zu oft als Selbstverständlichkeit hingenommen werden.

Auch auf Mitarbeiterseite wird Lob zwiespältig betrachtet. Mancher Mitarbeiter hat den Eindruck, der Vorgesetzte benutzt das Lob nur als Vehikel für eine negative Nachricht, z. B. um einen positiven Einstieg in ein Kritikgespräch zu finden oder um zur Übernahme von unangenehmen Aufgaben zu motivieren. Lob ist in solchen Situationen nicht ehrlich gemeint und stößt daher auf Ablehnung. Lob und Anerkennung müssen ehrlich gemeint und glaubwürdig sein. Nur dann wirken sie positiv und tragen zum Aufbau von Selbstbewusstsein bei.

Grundsätzlich kann Lob vor der gesamten Gruppe ausgesprochen werden; in den nachfolgenden Situationen sollten Sie Lob jedoch unter vier Augen aussprechen:

- wenn Sie einen leistungsschwachen Mitarbeiter für eine eigentlich selbstverständliche Leistung loben wollen, um so zu seiner Entwicklung beizutragen,
- wenn eine besonders gute Leistung auch eine besondere Form des Lobes bedarf,
- wenn Sie eine gute Leistung loben wollen, welche die anderen Mitarbeiter nie erreichen werden.

Checkliste: Lob und Anerkennung

- Behandeln Sie alle Mitarbeiter gleich; loben Sie auch gute Leistungen von Mitarbeitern, die Ihnen persönlich nicht so sympathisch sind.
- Loben Sie nicht den Menschen, sondern seine Leistung.
- Loben Sie rechtzeitig, d. h. direkt im Anschluss an die gute Leistung.
- Vermeiden Sie Standardfloskeln; machen Sie deutlich, worin die Leistung bestanden hat.
- Benutzen Sie Lob nicht als Mittel zum Zweck.
- Überprüfen Sie insbesondere bei Teamarbeiten, wer an der guten Leistung beteiligt war und das Lob verdient hat.
- Haben Sie selbst Freude am Loben.
- Loben Sie auch Teilerfolge.
- Maßstab für Lob und Anerkennung sind nicht die anderen Mitarbeiter, sondern die Leistung, die individuell von den Mitarbeitern erwartet wird und zu der sie in der Lage sind.
- Geben Sie Lob von nächsthöheren Vorgesetzten, Kunden oder anderen Personen an Ihre Mitarbeiter direkt weiter.
- Lob und Anerkennung können Sie nur persönlich aussprechen, eine Delegation ist nicht möglich.

Noch schwieriger als die Aussprache von Anerkennung erscheint vielen Vorgesetzten das *Kritikgespräch*. Im Kritikgespräch müssen Probleme, Fehler und Schwachstellen angesprochen werden. Wer mit Kritik konfrontiert wird, reagiert in den meisten Fällen zunächst mit Ablehnung, Widerwillen und Verteidigung. Die Palette von möglichen Verteidigungs- und Entschuldigungsversuchen ist lang:

- Der Mitarbeiter kann die Vorwürfe des Vorgesetzten nicht nachvollziehen und verlangt klare Beweise.
- Der Mitarbeiter macht die äußeren Rahmenbedingungen (zu viel Arbeit, Stress ...) für den Fehler verantwortlich.

- Der Mitarbeiter beruft sich auf ungenügende Informationen.
- Der Mitarbeiter sucht nach einem anderen Schuldigen: Vorgesetzte, Kollegen, die eigenen unterstellten Mitarbeiter.
- Der Mitarbeiter unterstellt seinem Vorgesetzten, ihn im Vergleich zu den Kollegen anders und daher ungerecht zu behandeln.
- Der Mitarbeiter gibt den Fehler unumwunden zu, um den Vorgesetzten zu überraschen.

Regeln für das Kritikgespräch
▪ Kritisieren Sie immer sachlich, taktvoll und unter vier Augen. ▪ Benennen Sie zu Anfang den Anlass des Gesprächs. ▪ Beschreiben Sie das Fehlverhalten sachlich; begründen Sie Ihre Kritik stichhaltig und nachvollziehbar. ▪ Verlassen Sie sich nicht auf Mutmaßungen anderer oder auf Hörensagen; diese können allenfalls Anlass für eigene Nachforschungen oder gezieltes Beobachten sein. ▪ Kritisieren Sie immer nur das Fehlverhalten, das im Zusammenhang mit der Arbeit steht; kritisieren Sie niemals Verhaltensweisen, die keine Auswirkung auf die Arbeit oder die Person des Mitarbeiters haben. ▪ Überprüfen Sie, bevor Sie kritisieren. Stellen Sie in unklaren Situationen zunächst fest, was sich genau überhaupt ereignet hat. ▪ Hören Sie sich unvoreingenommen den Standpunkt des Mitarbeiters an und wägen Sie diesen ab; seien Sie offen und unterstellen Sie nichts. ▪ Unterstützen Sie seine Einsicht, indem Sie auf Monologe verzichten; erarbeiten Sie gemeinsam die Gründe für das Fehlverhalten und Maßnahmen, wie dieses zukünftig vermieden werden kann. ▪ Regen Sie ihn durch gezielte Fragen zu anderen Sichtweisen an. ▪ Fragen Sie ihn nach Ursachen für das Fehlverhalten. ▪ Lassen Sie ihn mögliche Konsequenzen, also die Tragweite seines Fehlverhaltens, benennen. ▪ Fordern Sie den Mitarbeiter auf, eigene Lösungen für künftiges Verhalten und Vorgehensweise zu entwickeln, um erneute Fehler zu vermeiden. ▪ Vereinbaren Sie im Gespräch gemeinsam das künftige Verhalten. ▪ Fragen Sie ihn, welche Unterstützung er von Ihnen erwartet. ▪ Weisen Sie auf die Überprüfung des vereinbarten Verhaltens hin, und benennen Sie die Maßstäbe Ihrer Kontrolle. ▪ Finden Sie deutliche Worte, beziehen Sie Stellung, aber immer in angemessenem Ton. ▪ Reagieren Sie bei wiederholtem Fehlverhalten mit entsprechenden Konsequenzen. ▪ Fördern Sie Eigenverantwortung und Selbstkontrolle. ▪ Beenden Sie das Gespräch positiv, seien Sie nicht nachtragend und suchen Sie nicht bewusst nach weiteren Fehlern. ▪ Seien Sie ein gutes Vorbild beim Umgang mit Kritik, indem Sie selbst offen für konstruktive Kritik aus den Reihen Ihrer Mitarbeiter sind.

Tab. 3.8: Regeln für das Kritikgespräch

Die Erfahrungen aus vielen Führungsseminaren zeigen, dass das Kritikgespräch den Teilnehmern immer besonders schwer fällt. Zusätzlich zu den vorgenannten Inhalten wurden die Trainer immer wieder nach dem idealen Gesprächsablauf gefragt. Auch hier gilt, dass jedes Gespräch anders verläuft. Sehen Sie deshalb den folgenden Leitfaden lediglich als grobe Gliederungshilfe an, die Ihnen noch genügend Spielraum lässt, um im Einzelfall flexibel zu reagieren.

Leitfaden: Kritikgespräch
1. Positive Gesprächseröffnung.
[Notizen]
2. Fehlverhalten nennen und Mitarbeiter dazu äußern lassen (kein einseitiges Abkanzeln!).
[Notizen]
3. Geduldig zuhören — Verständnis aufbringen.
[Notizen]
4. Gemeinsam nach den Gründen für das Fehlverhalten suchen.
[Notizen]
5. Gemeinsam überlegen, was zu tun ist, um die Fehler in Zukunft zu vermeiden.
[Notizen]
6. Je nach Anlass Auswirkungen auf den Betrieb untersuchen.
[Notizen]
7. Prüfen, inwieweit der Vorgesetzte oder der Betrieb Hilfe leisten können.
[Notizen]

8.	Künftiges Verhalten vereinbaren (Mitarbeiter soll sich ausdrücklich zu den angestrebten Verhaltensänderungen äußern).
	[Notizen]
9.	Mitarbeiter Mut zusprechen.
	[Notizen]
10.	Auf Kontrolle des künftigen Verhaltens hinweisen.
	[Notizen]
11.	Gute Leistungen nicht vergessen.
	[Notizen]
12.	Positiver (einvernehmlicher) Schluss.
	[Notizen]

Tab. 3.9: Leitfaden zum Kritikgespräch

Grundsätzlich soll Kritik unter vier Augen ausgesprochen werden. Es gibt jedoch auch Situationen, in denen Kritik sofort und im Beisein anderer Mitarbeiter erforderlich ist. Klassischer Fall ist die Verletzung von Sicherheitsvorschriften. Um auch andere Mitarbeiter vorsorglich auf entsprechendes Fehlverhalten hinzuweisen, und insbesondere, wenn Gefahr im Verzug ist, muss der Vorgesetzte sofort deutliche Worte finden. Aber auch Provokationen vor der gesamten Gruppe durch einen Mitarbeiter darf der Vorgesetzte nicht unkommentiert durchgehen lassen.

Ein Kritikgespräch verlangt eine besonders gründliche Vorbereitung. Informieren Sie sich genau über den Kritikanlass, damit es nicht zu unberechtigter Kritik kommt. Fragen Sie sich vorab:

- Was genau hat sich ereignet?
- Welchen Anteil hat der betroffene Mitarbeiter an dieser Situation?
- Haben auch andere Mitarbeiter einen Anteil an dieser Situation, und wenn ja, in welchem Umfang?

- Habe ich selbst durch mein Verhalten zu dieser Situation beigetragen?
- Ist eine solche Situation schon öfter vorgekommen und welche Hintergründe hat es damals gegeben?

Im Gespräch sind Flexibilität und Einfühlungsvermögen gefragt, um auf die Äußerungen des Mitarbeiters einzugehen, sowie Kreativität und Improvisationsvermögen, um je nach Verlauf des Gesprächs angemessen zu reagieren. Die nachfolgende Tabelle enthält einige Beispiele, zu welchen Situationen es im Kritikgespräch kommen und wie der Vorgesetzte angemessen darauf reagieren kann.

Der Mitarbeiter ...	Der Vorgesetzte ...
sagt, dass auch andere an dem Fehlverhalten Schuld haben.	antwortet, dass er der Sache nachgehen werde, führt das Kritikgespräch mit diesem Mitarbeiter aber konsequent fort, jedoch mit Blick auf den möglicherweise reduzierten Anteil des Mitarbeiters an dem Fehlverhalten.
wirft dem Vorgesetzten vor, ihn nicht rechtzeitig und umfassend informiert zu haben.	prüft diesen Vorwurf und reduziert – wenn dieser begründet ist – das Kritikgespräch auf den Anteil, den der Mitarbeiter an dem Fehlverhalten hat.
verweist darauf, dass der Fehler von den ihm unterstellten Mitarbeitern verursacht worden ist.	weist diese Entschuldigung scharf zurück, denn der Mitarbeiter verhält sich seinen eigenen Mitarbeitern gegenüber nicht nur höchst unloyal, sondern übersieht auch, dass er auch für deren Handlungen die Verantwortung trägt.
gesteht seinen Fehler unumwunden ein.	überprüft, ob der Mitarbeiter dieses Eingeständnis ehrlich meint. Wenn ja, dann lobt er ihn dafür und geht in der nächsten Gesprächsphase darauf ein, wie in Zukunft ähnliche Fehler vermieden werden können.

Kritikgespräch – so kann der Vorgesetzte reagieren

Trotz eines korrekt geführten Kritikgesprächs ist nicht auszuschließen, dass einzelne Mitarbeiter ihr fehlerhaftes Verhalten beibehalten. Wie gehen Sie mit solchen „Wiederholungstätern" um?

Reagieren Sie zunächst mit Skepsis auf die Beteuerungsversuche des Mitarbeiters, der Fehler würde nicht mehr vorkommen. Überprüfen Sie anhand der nachfolgenden Fragen, warum es immer wieder zu den gleichen Fehlern kommt und wo die Ursachen zu suchen sind:

- Haben ihn die äußeren Bedingungen an einer Verbesserung gehindert?
- Haben Sie selbst ihn nicht ausreichend unterstützt, z. B. durch zu knappe Informationen aufgrund des hohen Arbeitsvolumens?
- Haben Sie das letzte Gespräch in dieser Sache mit klaren Zielen abgeschlossen, wie eine Verbesserung erreicht werden soll?
- Welche Bemühungen hat der Mitarbeiter seit dem letzten Gespräch unternommen, um eine Verbesserung zu erzielen?
- Ist der Mitarbeiter durch die Aufgabe ggf. überfordert?
- Gibt es Probleme im Team?

Wenn Sie nach Beantwortung dieser Fragen immer noch der Meinung sind, die Gründe für den Fehler liegen beim Mitarbeiter, sollten Sie fair, aber mit angemessenen Konsequenzen reagieren.

Immer wieder problematisch erscheint der Balanceakt zwischen einem positiven Gesprächseinstieg und dem Ansprechen von Fehlverhalten. Wer ein Kritikgespräch ungeschickt beginnt, erntet von dem Mitarbeiter Argwohn und Misstrauen.

BEISPIEL

Ihre Sekretärin, Frau Meyer, wurde erst vor kurzem in Ihre Abteilung versetzt. Grund hierfür war, dass die Abteilung, in der sie bisher gearbeitet hat, aufgelöst werden soll. Darüber hinaus wollte sie durch einen Wechsel in eine andere Abteilung beruflich hinzulernen. Die bisherigen Beurteilungen waren immer ausgezeichnet.
Grundsätzlich sind Sie mit den Leistungen von Frau Meyer zufrieden. Sie kennt sich sehr gut mit den PC-Anwendungen aus, arbeitet Ihre Korrespondenz zügig und sehr sorgfältig ab und erstellt — auf der Basis von Stichwörtern — sehr anschauliche Präsentationen.
Weniger zufrieden sind Sie mit ihrer Art am Telefon. So lässt sie das Telefon häufiger klingeln, bevor sie abnimmt, ist Kunden gegenüber oftmals ungehalten und verbindet die Gespräche nicht richtig weiter.
Wie reagieren Sie in dem anstehenden Mitarbeitergespräch? Gut gemeint, aber unglücklich formuliert, wäre der nachfolgende Gesprächseinstieg:
„Frau Meyer, Sie sind nun ja seit einiger Zeit in unserer Abteilung tätig und hatten Gelegenheit, sich einzuarbeiten. Besonders beeindruckt bin ich von Ihren Kenntnissen in Bezug auf unsere PC-Programme. Die Präsentationen, die Sie erstellen, sind wirklich ausgezeichnet und bei der Korrespondenz kann ich mich wirklich voll verlassen …“

Versetzen Sie sich in diese Gesprächssituation einmal hinein. Würden Sie nicht auch automatisch ein „aber" erwarten, mit dem zu den nicht so guten Leistungen übergeleitet wird? Besser ist ein neutraler Gesprächseinstieg, der zugleich einen kleinen Ausblick auf Anlass und Ziel des Gespräches gibt.
„Frau Meyer, Sie sind ja nun seit einiger Zeit in unserer Abteilung tätig und konnten sich bereits einarbeiten. Das heutige Gespräch möchte ich gerne nutzen, um gemeinsam zu besprechen, was aus Ihrer bzw. meiner Sicht gut läuft und an welchen Stellen noch Verbesserungsbedarf besteht..."
Nun sollten Sie das Wort der Mitarbeiterin überlassen, um zunächst ihre Sichtweise zu erfahren. Ihre eigenen Punkte könnten Sie dann wie folgt formulieren:
„Sehr zufrieden bin ich mit Ihrer Bearbeitung der Korrespondenz und dem Erstellen von Präsentationen. Da verlasse ich mich wirklich gerne auf Ihre Unterstützung. Dagegen sehe ich noch Verbesserungsbedarf beim Umgang mit dem Telefon. Also schildern Sie doch selbst erst einmal, wie Sie diesen Teil Ihrer Tätigkeit erleben ..."

3.8 Rückkehrgespräch/Fehlzeitengespräch

Fehlzeiten kosten das Unternehmen viel Geld. Gerade durch die Diskussion über Veränderungen bei der Lohnfortzahlung und damit verbundene Kostensenkungen ist das Thema „Fehlzeiten" wieder aktuell geworden. Auch wenn sich die Fehlzeitenquote in den Unternehmen in der letzten Zeit verringert hat, sollte sich jedes Unternehmen mit diesem Thema beschäftigen, um ggf. unangemessen hohen Fehlzeiten entgegenzuwirken. Ein wichtiges Instrument dafür ist das Fehlzeiten- oder Rückkehrgespräch.

! **ACHTUNG**

Wichtigstes Gesprächsziel ist der Abbau von Fehlzeiten und die Reduzierung der damit verbundenen Kosten. Gleichzeitig bewirkt das Rückkehrgespräch aber auch eine Verbesserung des Betriebsklimas. So zeigen die Vorgesetzten ihren Mitarbeitern, dass ihre Abwesenheit wahrgenommen worden ist, dass man ihre Mitarbeit im Unternehmen schätzt und dass man sich über ihre Rückkehr freut.

Ein Gespräch über Fehlzeiten verfolgt unterschiedliche Ziele. Auf der einen Seite geht es um die Wiedereingliederung des genesenen Mitarbeiters. Andererseits ist jedes Fehlzeitengespräch auch ein Stück Ursachenforschung, um insbesondere bei ungerechtfertigten Fehlzeiten das Unternehmen vor wirtschaftlichem Schaden zu bewahren.

Leitfaden: Fehlzeitengespräch

1. Wählen Sie einen positiven Gesprächseinstieg, und informieren Sie den Mitarbeiter über den Anlass des Gespräches.

   [Notizen]

2. Sprechen Sie mit dem Mitarbeiter über wichtige Dinge, die während seiner Abwesenheit geschehen sind, und erleichtern Sie ihm so den Wiedereinstieg.

   [Notizen]

3. Erkundigen Sie sich nach seinem derzeitigen Befinden.

   [Notizen]

4. Sprechen Sie mit ihm über die Ursachen der Abwesenheit; berücksichtigen Sie dabei die folgenden Punkte:
   Länge der Abwesenheit

   ....

   ....

   Häufigkeit von bisherigen Abwesenheiten

   ....

   ....

   Hängt die Abwesenheit mit der Arbeitsumgebung zusammen? (Art der Tätigkeit, Arbeitsbedingungen, Betriebs- und Gruppenklima, Führungsstil ...)

   ....

   ....

5. Verdeutlichen Sie je nach Dauer und Häufigkeit der Abwesenheit die folgenden Punkte:
   wirtschaftliche Konsequenzen für das Unternehmen

   ....

   ....

   Auswirkungen auf die Kollegen

   ....

   ....

6. Erarbeiten Sie gemeinsam mit dem Mitarbeiter Lösungen, um Fehlzeiten zukünftig zu reduzieren bzw. ganz zu vermeiden. Berücksichtigen Sie dabei folgende Aspekte: Was kann das Unternehmen tun? .... Was kann der Mitarbeiter selbst tun? ....
7. Bieten Sie — soweit möglich — Hilfestellung an (Betriebsrat, Betriebsarzt, Stundenreduzierung, Wechsel des Arbeitsplatzes ...)
[Notizen]
8. Beziehen Sie deutlich Stellung, aber vermitteln Sie dem Mitarbeiter gleichzeitig das Gefühl, dass er als Mensch geschätzt und im Unternehmen gebraucht wird.
[Notizen]

Tab. 3.10: Leitfaden zum Fehlzeitengespräch

3.9 Disziplinar- und Abmahnungsgespräch

Anlass für diese Gesprächsgruppe ist zumeist eine schwere Verfehlung des Mitarbeiters. Je nach Schwere des Fehlverhaltens kann es zu einer Ermahnung, Abmahnung (mit Androhung der Kündigung) oder sogar direkt zur Kündigung kommen. Zumeist geht einer Kündigung allerdings eine Abmahnung voraus und es kommt zum Kündigungsgespräch nur, wenn die Abmahnung ohne Erfolg geblieben ist.

Wegen der möglichen rechtlichen Konsequenzen ist diese Gesprächsgruppe von besonderer Tragweite. Für den Vorgesetzten bedeutet dies:

- genaue Recherche des tatsächlichen Sachverhalts einschließlich der vorliegenden Beweise,
- gründliche Vorbereitung auf das Gespräch,
- vorherige Rücksprache sowie Abstimmung über die weitere Vorgehensweise mit dem nächst höheren Vorgesetzten und der Personalabteilung, vor allem mit Blick auf die arbeitsrechtlichen Folgen,

- Beteiligung des Betriebsrates.

Im Gegensatz zu den vorangegangenen Ausführungen sollten Disziplinar- und Abmahnungsgespräche nicht unter vier Augen geführt werden. Wichtigster Grund ist die Absicherung durch einen Zeugen. Darüber hinaus steigt für den betroffenen Mitarbeiter die Bedeutung des Gespräches, wenn ihm mehrere Gesprächspartner gegenüber sitzen. Als Vorgesetzter können Sie selbst während des Gesprächs ggf. auf die fachliche Unterstützung der anderen Gesprächsteilnehmer zurückgreifen (z. B. Erläuterung der arbeitsrechtlichen Konsequenzen durch den Mitarbeiter der Personalabteilung).

Die folgende Checkliste kann als Leitfaden für die Disziplinar- und Abmahnungsgespräche dienen. Beide Gespräche bezwecken eine Verhaltensänderung des Mitarbeiters für die Zukunft.

Leitfaden: Disziplinar- und Abmahnungsgespräch

1. Begrüßen Sie den Mitarbeiter; eine kurze und sachliche Begrüßung ist ausreichend.

   [Notizen]

2. Stellen Sie ggf. die weiteren Gesprächspartner vor, soweit diese nicht bereits bekannt sind. Seien Sie als Person höflich, aber ernst in der Sache.

   [Notizen]

3. Nennen Sie dem Mitarbeiter den Gesprächsanlass (z. B. mehrfaches Zuspätkommen).

   [Notizen]

4. Im Falle einer Abmahnung: Weisen Sie deutlich darauf hin, dass der Zweck dieses Gesprächs die Erteilung einer Abmahnung ist.

   [Notizen]

5. Fragen Sie den Mitarbeiter, ob er ein Betriebsratsmitglied zu dem Gespräch hinzuziehen möchte und veranlassen Sie dieses.

   [Notizen]

6. Beschreiben Sie das Fehlverhalten sachlich und konkret.

[Notizen]

7. Begründen Sie die Entscheidung und machen Sie den Ernst der Situation deutlich.

[Notizen]

8. Geben Sie dem Mitarbeiter Gelegenheit, seine Sichtweise darzustellen. Vermeiden Sie jedoch eine endlose Diskussion oder das wiederholte Austauschen längst genannter Argumente.

[Notizen]

9. Lassen Sie bei Einwendungen des Mitarbeiters keinen Zweifel daran: Die Entscheidung ist gefallen und wird nicht mehr revidiert.

[Notizen]

10. Richten Sie den Blickwinkel in die Zukunft, d. h. was kann unternommen werden, damit es nicht noch einmal zu einem solchen Fehlverhalten kommt.

[Notizen]

11. Machen Sie die Konsequenzen deutlich (z. B. Kündigung), wenn der Mitarbeiter sein Verhalten in Zukunft nicht nachhaltig ändert.

[Notizen]

12. Fassen Sie den Gesprächsinhalt noch einmal zusammen.

[Notizen]

13. Informieren Sie den Mitarbeiter, dass er die Abmahnung auch noch schriftlich per Post erhält und dass eine Kopie des Abmahnungsschreibens und das Protokoll dieses Gesprächs in seine Personalakte eingehen.

[Notizen]

14.	Beenden Sie das Gespräch freundlich, aber bestimmt (z. B. mit einem Hinweis, dass Sie an den sonstigen Arbeitsleistungen des Mitarbeiters nicht auszusetzen haben. Dass aber das angesprochene Fehlverhalten nicht weiter toleriert werden kann).
	[Notizen]
15.	Beachten Sie: Lassen Sie sich zu keinem Zeitpunkt das Gespräch aus der Hand nehmen und stellen Sie sich darauf ein, dass der Mitarbeiter Ihr Mitgefühl ansprechen wird.
	[Notizen]

Tab. 3.11: Leitfaden zum Disziplinar- und Abmahnungsgespräch

3.10 Kündigungsgespräch

Wenn Sie ein Kündigungsgespräch führen müssen, sollten Sie dieselben Grundregeln beachten, die für Disziplinar- und Abmahnungsgespräche gelten. Kündigungsgespräche sind für alle am Gespräch Beteiligten eine erhebliche Belastung. Nicht nur der Gekündigte fällt in ein tiefes Loch, sondern auch der Vorgesetzte, der das Gespräch führen muss, steht oft unter erheblichem inneren Druck, denn er muss dem Mitarbeiter die aus seiner Sicht schlimmste aller möglichen Botschaften überbringen. Im Gegensatz zu den Inhalten anderer Gespräche gibt es für Kündigungen keine positive Lösung.

Ein Kündigungsgespräch sollte kurz sein und sich auf das unbedingt Notwendige beschränken.

- Aussprechen der Kündigung und Darlegung der Gründe,
- Klärung von Details über die weitere Abwicklung (z. B. sofortige Freistellung),
- Klärung, welche zusätzliche Unterstützung durch den Arbeitgeber gewährt werden kann.

Der folgende Leitfaden kann sowohl für verhaltens- und betriebsbedingte Kündigungen als auch für außerordentliche Kündigungen verwendet werden.

Leitfaden: Kündigungsgespräch

1. Gesprächseröffnung
   Kurze, sachliche Begrüßung. Smalltalk ist hier nicht erforderlich. Die üblichen Begrüßungsformeln sind ausreichend.
   Sorgen Sie aber dafür, dass der Mitarbeiter mindestens einmal zu Wort kommt.

2. Aussprechen der Kündigung
   Kommen Sie sofort zum Thema und sprechen Sie die Kündigung aus.
   Achten Sie auf die Reihenfolge: Erst wird die Kündigung ausgesprochen, danach folgt die Begründung.
   Sprechen Sie den Mitarbeiter mit seinem Namen an und formulieren Sie in der Ich-Form (z. B. „Ich kündige Ihnen wegen ...")

   ....

   ....

3. Ausführliche Begründung
   Erläutern Sie zuerst die juristischen Grundlagen der Kündigung, danach Ihren Entscheidungsweg.
   [juristische Grundlagen der Kündigung] ....

   ....

   ....

   ....

   Erläutern Sie dem Mitarbeiter die Gründe, die zur Kündigung geführt haben (z. B. „Sie haben bereits mehrere Anmahnungen erhalten. Ich konnte keine Änderung Ihres Verhaltens feststellen, deshalb kündige ich Ihnen".)
   [Kündigungsgründe] ....

   ....

   ....

   ....

   Bei einer verhaltensbedingten Kündigung bildet das Kündigungsgespräch nur den Abschluss einer Vorgeschichte, so dass auf dokumentierte Ereignisse (z. B. Verwarnungen, Abmahnungen) verwiesen werden kann.
   Wichtig: Arbeitsrechtlich relevant (in einem Arbeitsgerichtsprozess) sind ausschließlich die vorausgegangenen schriftlich erteilten Abmahnungen.
   Bei betriebsbedingten Kündigungen sprechen Sie zunächst die vorausgehenden unternehmenspolitischen Entscheidungen an (z. B. der notwendige Stellenabbau).
   Danach erklären Sie den Sozialplan (soweit vorhanden) und die sozialen Auswahlkriterien.
   Behandeln Sie Einwände und Fragen des Mitarbeiters offen, aber verfallen Sie nicht in eine Verteidigungsrolle.
   Machen Sie immer wieder deutlich, dass die Entscheidung gefallen ist und über die Kündigung nicht mehr diskutiert werden kann.

Leitfaden: Kündigungsgespräch
4. Das weitere Vorgehen Geben Sie dem Mitarbeiter eine Chance, den ersten Schock zu verdauen. Fragen Sie den Mitarbeiter danach, ob er fähig ist, über das weitere Vorgehen zu sprechen, oder ob dieser Teil des Gesprächs vertagt werden soll. Sprechen Sie alle noch regelungsbedürftigen Punkte an (Resturlaub, Arbeitszeitguthaben, Urlaubsgeld ...) .... Bieten Sie bei einer betriebsbedingten Kündigung Ihre Unterstützung bei der Suche nach einem neuen Arbeitsplatz an. .... Klären Sie bei einer außerordentlichen Kündigung ggf. die sofortige Räumung des Arbeitsplatzes. .... Vermeiden Sie eine nochmalige Aufzählung von Mängeln und Fehlleistungen.
5. Gesprächsabschluss Leiten Sie das Gespräch zum Abschluss über. Händigen Sie dem Mitarbeiter das Kündigungsschreiben oder den Entwurf eines Aufhebungsvertrags aus. ....

Tab. 3.12: Leitfaden: Kündigungsgespräch

Eine besondere Form des Kündigungsgesprächs liegt vor, wenn damit das Angebot einer Outplacement-Beratung verbunden ist. Ein solches Trennungsgespräch hat zwei wesentliche Aufgaben:

- Der Mitarbeiter wird wie beim normalen Kündigungsgespräch erstmals über die beabsichtigte Trennung informiert.
- Mit dieser Information wird dem Mitarbeiter eine Outplacement-Beratung mit der damit verbundenen Unterstützung bei der Suche nach einem neuen Arbeitsplatz angeboten.

Outplacement ist eines der erfolgreichsten personalpolitischen Instrumente, um Unternehmen eine sozialverantwortliche Trennung von Mitarbeitern zu ermöglichen. Durch einen einvernehmlichen Trennungsprozess wird die mit einer Entlassung verbundene konfliktbeladene Situation entschärft. Die ausscheidenden

Mitarbeiter werden bei der Suche nach einer neuen, ihren Fähigkeiten entsprechenden Tätigkeit unterstützt. Das Unternehmen vermeidet Rechtsstreitigkeiten, erhält rechtliche Sicherheit und profitiert auf der Kostenseite.

Im Idealfall erreichen Sie durch eine gelungene Outplacement-Beratung, dass der freigesetzte Mitarbeiter seine berufliche Tätigkeit in einem anderen Unternehmen weiterführen kann. Damit werden beim Outplacement neben den rechtlichen und finanziellen Folgen einer Kündigung auch die persönlichen, sozialen und beruflichen Konsequenzen ausreichend beachtet.

Bei einem Outplacement-Prozess muss genau getrennt werden, welche Teile vom Unternehmen und welche vom Outplacement-Berater durchgeführt werden:

- Die grundsätzliche Entscheidung zur Trennung von einem Mitarbeiter und das Trennungsgespräch einschließlich des damit verbundenen Beratungsangebots sind Sache des Unternehmens.
- Die Beratung und Aufarbeitung der Trennung sowie die Unterstützung des Mitarbeiters (Potentialanalyse, Bewerbungsstrategie, Trainingsmaßnahmen usw.) übernimmt der Outplacement-Berater.

Trennungsgespräche gehören zu den schwierigsten und heikelsten Aufgaben einer Führungskraft. Auch das im Trennungsgespräch ausgesprochene Hilfsangebot für den Mitarbeiter darf nicht darüber hinwegtäuschen, dass zunächst eine Kündigung ausgesprochen werden muss.

Das Trennungsgespräch wird entweder vom Vorgesetzten des betroffenen Mitarbeiters geführt oder von der nächst höheren Führungskraft des Unternehmens. In diesem Fall übernimmt diese Führungskraft die unangenehme Aufgabe, die Kündigung auszusprechen. Der direkte Vorgesetzte bleibt als Ansprechpartner für die emotionalen Reaktionen des Mitarbeiters erhalten.

Die besondere Schwierigkeit im Trennungsgespräch liegt in der unausweichlichen Konfrontation mit den emotionalen Reaktionen des Mitarbeiters. Durch ein ungeschicktes Trennungsgespräch kann das Bemühen um eine gesunde Unternehmenskultur mit einem Schlage zunichte gemacht werden. Deshalb ist es wichtig, dass notwendige Einfühlungsvermögen zu entwickeln und den Mitarbeiter trotz der bevorstehenden Trennung die notwendige Wertschätzung entgegenzubringen.

In den Unternehmen selbst gibt es kaum Richtlinien für das Führen von Trennungsgesprächen. Der Erfolg wird dabei von der Vorbereitung und den Verhaltensweisen des Vorgesetzten bestimmt.

Leitfaden: Trennungsgespräch mit Angebot einer Outplacement-Beratung
1. Gesprächseröffnung Kurze, sachliche Begrüßung. Nur wenn Sie schnell zum Thema kommen, behandeln Sie den Mitarbeiter fair. Aber kein reiner Monolog; auch der Mitarbeiter sollte kurz zu Wort kommen. ....
2. Aussprechen der Kündigung Nicht um den heißen Brei herumreden; die Trennungsbotschaft soll in höchstens 5 Sätzen ausgesprochen werden. Achten Sie auf die Reihenfolge: Erst wird die Kündigung ausgesprochen, danach folgt die Begründung. Verwenden Sie eindeutige Formulierungen (z. B. „Ich kündige Ihnen …“ nicht „Wir beabsichtigen …“ oder „Wir sollten uns von Ihnen trennen …“). ....
3. Begründung der Kündigung Erläutern Sie dem Mitarbeiter die Gründe, die zur Kündigung geführt haben (z. B. „Die Produktlinie KEY wird eingestellt.“). Erläutern Sie zuerst die juristischen Grundlagen der Kündigung, danach Ihren Entscheidungsweg. Machen Sie deutlich, dass die Entscheidung gefallen ist und über die Kündigung nicht mehr diskutiert werden kann. Lassen Sie dem Mitarbeiter etwas Zeit, den ersten Schock zu verdauen. Geben Sie dem Mitarbeiter die Möglichkeit, seinen Emotionen Ausdruck zu verleihen, aber diskutieren Sie nicht mehr über die Kündigungsentscheidung. Geben Sie ihm die Möglichkeit zu einer Stellungnahme. Fragen Sie den Mitarbeiter danach, ob er sich in der Lage fühlt, jetzt über das weitere Vorgehen zu sprechen, oder ob dieser Teil des Gesprächs vertagt werden soll. [Begründung der Kündigung] ....

4. Das weitere Vorgehen bei einer Gesprächsvertagung
   Lassen Sie den Mitarbeiter vor dem Abschluss des Gesprächs noch wissen, dass Sie ihn durch eine Outplacement-Beratung unterstützen wollen.
   Informieren Sie ggf. den Mitarbeiter noch kurz über die Vorteile einer Outplacement-Beratung.
   Vereinbaren Sie einen neuen Gesprächstermin, an dem ausführlich über das Outplacement-Angebot und alle weiteren regelungsbedürftigen Fragen gesprochen werden soll.
   Das Folgegespräch sollte zeitnah (nach einer Pause oder am nächsten Tag) geführt werden.
   [Maßnahmen für das weitere Vorgehen] ....
   ....
   ....
   ....

5. Das weitere Vorgehen bei einer sofortigen Fortsetzung des Gesprächs
   Informieren Sie den Mitarbeiter über das Outplacement-Angebot.
   Erläutern Sie dem Mitarbeiter, was Outplacement bedeutet und welche Vorteile damit verbunden sind.
   Fragen Sie ihn ausdrücklich, ob er dieses Angebot annimmt.
   Nennen Sie den vorgesehenen Outplacement-Berater.
   Lassen Sie den Mitarbeiter entscheiden, ob er mit dem vorgeschlagenen Berater einverstanden ist.
   Klären Sie alle übrigen Punkte, die noch zu regeln sind (Resturlaub, Arbeitszeitguthaben, Urlaubsgeld usw.).
   [Notizen] ....
   ....
   ....
   ....

6. Gesprächsabschluss
   Leiten Sie das Gespräch zum Abschluss über.
   Händigen Sie dem Mitarbeiter das Kündigungsschreiben oder den Entwurf eines Aufhebungsvertrags aus.
   ....
   ....

Tab. 3.13: Leitfaden für ein Trennungsgespräch mit Angebot einer Outplacement-Beratung

3.11 Abgangsgespräch

Das Abgangsgespräch wird immer dann geführt, wenn ein Mitarbeiter von sich aus gekündigt hat und das Unternehmen verlassen möchte. Dem Unternehmen geht dadurch viel Potenzial, betriebsspezifisches Wissen und Erfahrung verloren. Vor diesem Hintergrund ist das Abgangsgespräch ein ideales Instrument, um die Gründe für die Kündigung in Erfahrung zu bringen. Gelegentlich wird das Abgangsgespräch auch bei der Erstellung eines Zeugnisses geführt.

Leitfaden: Abgangsgespräch
1. Information über die Vertraulichkeit des Gesprächs
2. Ermunterung, alles auszusprechen
3. Hinweis, dass das Zeugnis durch dieses Gespräch nicht beeinflusst wird
4. Gründe für die Kündigung erfragen Wurden die Erwartungen des Mitarbeiters an die eigene Stelle nicht erfüllt? …………………… …………………… Fragen nach dem Betriebsklima, Arbeitsbedingungen …………………… …………………… Wie wurden die Möglichkeiten zu Weiterbildung und Aufstieg beurteilt? …………………… …………………… Wie wurde der Führungsstil des Vorgesetzten eingeschätzt? …………………… …………………… Arbeitsentgelt und Sozialleistungen …………………… …………………… Gibt es andere Gründe für die Kündigung? …………………… ……………………
5. Wie hätte die Kündigung verhindert werden können?
[Notizen]

6.	Fragen nach neuer Position/neuem Arbeitgeber
	[Notizen]
7.	Je nach Situation, Versuch, den Mitarbeiter noch einmal umzustimmen
	[Notizen]
8.	Ggf. Vereinbarungen zur weiteren Abwicklung des Ausscheidens
	[Notizen]

Tab. 3.14: Leitfaden für ein Abgangsgespräch

Zu den wichtigsten Spielregeln eines Abgangsgesprächs gehört, dass der Mitarbeiter informiert wird, wie seine Informationen weiterverwendet werden. Es muss sicher sein, dass das Abgangsgespräch keine nachteiligen Auswirkungen auf das Zeugnis hat. Diese Zusicherung wird glaubhaft unterstützt, wenn der Mitarbeiter weiß, dass er eine Kopie des Gesprächsprotokolls erhält.

Aus Vereinfachungsgründen, und um das erforderliche Protokoll zu sichern, setzen manche Unternehmen für das Abgangsgespräch ein Formular ein.

Abgangsgespräch: Protokoll			
Name: ______		Position: ______	
Abteilung: ______		Vorgesetzter: ______	
Eintrittsdatum: ______		Austrittsdatum: ______	
Entwicklung im Unternehmen:			
Datum:	Position:	Gehalt:	Beurteilung:
______	______	______	______
______	______	______	______
______	______	______	______
______	______	______	______
Lassen Sie den Mitarbeiter die nachfolgenden Aspekte bewerten. Notieren Sie wichtige Aspekte seiner Ausführungen – wenn notwendig – auf einem gesonderten Blatt.			

	sehr gut	gut	zufrieden-stellend	schlecht
1. Position und Aufgabe				
1.1 Tätigkeit	□	□	□	□
1.2 Verantwortung	□	□	□	□
1.3 Organisation	□	□	□	□
1.4 Weiterentwicklung	□	□	□	□
2. Führung durch den Vorgesetzten				
2.1 Zusammenarbeit/Unterstützung	□	□	□	□
2.2 Kommunikation und Feedback	□	□	□	□
2.3 Förderung	□	□	□	□
3. Arbeitsbedingungen				
3.1 Arbeitsklima	□	□	□	□
3.2 Betriebsklima	□	□	□	□
3.3 Arbeitszeiten	□	□	□	□
3.4 Bezahlung	□	□	□	□
4. Kündigungsgrund				
5. Wie hätte die Kündigung verhindert werden können?				
6. Welch positiven Aspekte werden mit dem Unternehmen verbunden?				
7. Neuer Arbeitgeber:	Neue Position:			

Tab. 3.15: Protokollformular für ein Abgangsgespräch

3.12 Innere Kündigung

Innere Kündigung ist der bewusste Verzicht auf Engagement und Eigeninitiative eines Mitarbeiters. Der Mitarbeiter hat sich innerlich vom Unternehmen verabschiedet, behält dennoch seinen Arbeitsplatz bei. Er distanziert sich vom Betriebsgeschehen und verhält sich weitgehend passiv. Hauptanlass für die innere Kündigung sind Führungsfehler. Das regelmäßige Mitarbeitergespräch ist das wichtigste Instrument, um rechtzeitig von der Unzufriedenheit der Mitarbeiter zu erfahren und gegensteuern zu können.

Wer sich einmal innerlich gegen sein bisheriges Unternehmen entschieden hat, wird kaum mehr große Initiative entwickeln oder Einsatzbereitschaft zeigen. Sein Arbeitseinsatz wird sich bewusst oder unbewusst verschlechtern. Ein solches Verhalten kann sich negativ auf das Betriebsklima auswirken und zu einer Demotivation anderer Mitarbeiter führen.

Ein Patentrezept gegen die innere Kündigung gibt es nicht. Das darf jedoch nicht davon abhalten, zumindest den Versuch zu unternehmen, den hauptsächlichen Ursachen nachzugehen. Als entscheidender Anlass für die innere Kündigung werden auf allen Stufen der Hierarchie Führungsfehler angesehen. Daneben werden Probleme mit Kollegen, die Unzufriedenheit mit dem Entgelt oder eine Fehleinschätzung der eigenen Person häufig als Ursachen genannt. Die innere Kündigung bei jüngeren Mitarbeitern geht besonders häufig auf die Nichterfüllung beruflicher Erwartungen zurück. Schätzungen über das Ausmaß der inneren Kündigung reichen von 20 bis 60 % der Mitarbeiter. Dabei nimmt der Anteil der unzufriedenen Mitarbeiter in der Hierarchie von oben nach unten zu.

3.12.1 So erkennen Sie die innere Kündigung eines Mitarbeiters

Auch wenn über eine innere Kündigung nicht gesprochen wird, gibt es einige Merkmale, durch welche sich „innere Emigranten“ von solchen Mitarbeitern unterscheiden, die sich mit ihrer Arbeit identifizieren. Fehlende Eigeninitiative, Dienst nach Vorschrift, häufige Fehlzeiten oder zunehmende soziale Desintegration können Hinweise auf einen inneren Abschied sein. Für die Führungskräfte ist es wichtig, solche Signale frühzeitig zu erkennen, um Gegenmaßnahmen zu ergreifen. Die wichtigsten Hinweise sind in der folgenden Checkliste zusammengefasst.

Checkliste: Woran erkennen Sie eine innere Kündigung?
▪ Arbeiten nach Vorschrift (strenge Einhaltung der Regelarbeitszeit, keine Bereitschaft zu Überstunden; keine Bereitschaft zur Vertretung anderer Mitarbeiter)
▪ fehlendes Engagement, keine Eigeninitiative (kein Interesse an den eigenen Arbeitsergebnissen oder dem Geschehen in der eigenen Abteilung)
▪ mangelnde Arbeitsqualität, geringe Arbeitsquantität
▪ Unterlaufen der Anordnungen des Vorgesetzten
▪ keine Beteiligung an Verbesserungsvorschlägen, kein Interesse an Änderungen der Arbeitsstrukturen und -abläufe
▪ häufige oder überdurchschnittlich lange Fehlzeiten (Rückgang der körperlichen und geistigen Belastbarkeit)
▪ distanzierter Umgang mit Kollegen, Vorgesetzten und externen Personen
▪ keine Bereitschaft zur Kooperation, fehlende Hilfsbereitschaft gegenüber Kollegen
▪ verstärkte soziale Desintegration (Abblocken formeller und informeller Kontakte; dafür Ausbau außerbetrieblicher sozialer Aktivitäten)
▪ kein Interesse an irgendeiner Form sachlicher Auseinandersetzung mit Vorgesetzten, Ja-Sager ohne eigene Meinung
▪ ständige Berufung auf Unzulänglichkeiten des Arbeitgebers, Widerspruch aus Prinzip
▪ nachlässiger Umgang mit Arbeitgebereigentum
▪ private Telefonate
▪ Intrigen, Mobbing
▪ übereifriges Auftreten (um den Schein zu wahren)
▪ nachlässiges Auftreten
▪ keine unbezahlte Arbeitszeit (keine Teilnahme an betrieblichen Abendveranstaltungen oder Besprechungen außerhalb der Arbeitszeit)
▪ Gleichgültigkeit bei Beschwerden
Hinweis: Alle genannten Verhaltensweisen können auch andere Ursache als eine innere Kündigung haben. Aber sie sollten Anlass sein, um ein Gespräch zu führen.

Es gibt kein absolut sicheres Instrument, um eine innere Kündigung beim Mitarbeiter zu erkennen und zu bearbeiten. Die wichtigste Maßnahme zur Vorbeugung ist das Mitarbeitergespräch. Wenn regelmäßig ernsthafte Gespräche mit den Mitarbeitern geführt werden, dann sollten diese auch Informationen über mögliche Ärgernisse und Enttäuschungen erbringen, die eine innere Kündigung auslösen können.

Sollte es bereits zu einer inneren Kündigung gekommen sein, dann bleibt nur noch eine offensive Bekämpfung und Nachbehandlung. Führen Sie ein Gespräch mit dem Mitarbeiter, sprechen Sie Ihre Vermutung offen an. Verdeutlichen Sie dem Mitarbeiter die Folgen für den Betrieb, für ihn selbst und für sein Umfeld. Suchen Sie gemeinsam nach den Ursachen und möglichen Lösungen. In dem folgenden Gesprächsleitfaden sind die wichtigsten Punkte zusammengefasst, die dabei angesprochen werden können.

Gesprächsleitfaden: innere Kündigung	
1.	Positive Gesprächseröffnung
2.	Vermutete innere Kündigung ansprechen
3.	Mitarbeiter um eine Stellungnahme bitten
	[Notizen — Stellungnahme des Mitarbeiters]
4.	Geduldig zuhören - Verständnis aufbringen
5.	Gemeinsam nach den Ursachen für die Enttäuschung suchen
	[Notizen — mögliche Ursachen]
6.	Gemeinsam überlegen, ob auch der Mitarbeiter zu der Negativsituation beigetragen hat
7.	Feststellen, welche Versäumnisse des Vorgesetzten und/oder des Betriebs vorliegen
	[Notizen — mögliche Versäumnisse]
8.	Mögliche Auswirkungen auf den Betrieb untersuchen
	[Notizen — mögliche Ursachen]
9.	Gemeinsam überlegen, was zu tun ist, um die nachteilige Situation künftig zu vermeiden
	[Notizen - Maßnahmen]

10.	Prüfen, inwieweit der Vorgesetzte oder der Betrieb sonstige Hilfe leisten können
	[Notizen]
11.	Künftiges Verhalten des Mitarbeiters vereinbaren (dieser soll sich ausdrücklich zu den angestrebten Änderungen seines Verhaltens äußern)
	[Notizen - künftiges Verhalten des Mitarbeiters]
12.	Mitarbeiter Mut zusprechen
13.	Positive Aspekte der bisherigen Zusammenarbeit nicht vergessen
	[Notizen — positive Aspekte]
14.	Positiver (einvernehmlicher) Gesprächsschluss

Tab. 3.16: Leitfaden für ein Gespräch über innere Kündigung

3.13 Unterweisungsgespräch

Die Unterweisung seiner Mitarbeiter gehört zu den Daueraufgaben eines Vorgesetzten. Jede Weitergabe vorhandener Fertigkeiten und Kenntnisse an die Mitarbeiter ist praktisch eine kleine Unterweisung. Je eindeutiger die Unterweisung in neue Aufgaben vorgenommen wird, um so weniger ist mit Fehlern und Doppelarbeit zu rechnen. In der Praxis ist leider noch immer bloßes Anweisen bzw. Zuhören oder Zusehen lassen anzutreffen.

Besonders bewährt hat sich die zielgerichtete, an pädagogischen Prinzipien orientierte Vier-Stufen-Methode. Sie wird auch bei der Unterweisung von Auszubildenden regelmäßig eingesetzt. In der folgenden Übersicht ist die idealtypische Vorgehensweise dargestellt. Das jeweils dreimalige Vorführen und Nachmachen in den Stufen 2 und 3 kann bei einfachen Unterweisungsvorgängen entsprechend reduziert werden.

Die mehrfache Wiederholung kostet zwar Zeit, aber sie führt zu einem sicheren und fehlerfreien Arbeiten. Darüber hinaus sind zahlreiche weitere Vorteile zu nennen:

- Der Lernstoff wird auf anschauliche Weise und unter realistischen Bedingungen vermittelt; dadurch entfällt das Transferproblem.
- Es handelt sich um eine aktive Lernmethode, bei welcher der Lernende auch das „Wie“ und „Warum“ der einzelnen Tätigkeit erfährt.
- Die Methode knüpft an vorhandene Fertigkeiten und Kenntnisse an.
- Die Vermittlung des Lernstoffes kann sinnvoll und mit Blick auf die besonderen Bedürfnisse des Mitarbeiters geplant werden. Die einzelnen Lernschritte bleiben dabei überschaubar und ein individuelles Lerntempo ist möglich.
- Der Mitarbeiter muss den neuen Arbeitsgang nicht lange und vergeblich selbst probieren, denn er erlernt sofort die richtige Vorgehensweise.
- Durch die Teilnahme an der Erfahrung des Lehrenden stellen sich rasch erste Erfolge ein, die Sicherheit sowie Motivation zum Weiterlernen vermitteln.

! **WICHTIG**

Die Unterweisung mittels der Vier-Stufen-Methode stellt sicher, dass Lernen nicht dem Zufall überlassen bleibt, sondern systematisch durchgeführt wird.

Inhalt und Ablauf einer Unterweisung

1. Stufe: Vorbereitung
- Bereiten Sie sich selbst und die Arbeit vor
  - Zergliedern Sie den Arbeitsvorgang
  - Bereiten Sie den Arbeitsplatz für die Unterweisung vor
  - Nehmen Sie sich ausreichend Zeit
- Bereiten Sie den Mitarbeiter vor
  - Nehmen Sie ihm die Befangenheit und vermitteln Sie ihm Sicherheit
  - Stellen Sie fest, was er schon kann
  - Wecken Sie Interesse für die Aufgabe

2. Stufe: Erklären und vormachen
- Vermitteln Sie dem Mitarbeiter einen Gesamtüberblick über die Aufgabe, indem Sie diese in geraffter Form vormachen und erklären
- Machen Sie die Aufgabe ein zweites Mal ausführlich vor
  - Geben Sie ausführliche Erklärungen
  - Verwenden Sie die notwendigen Fachbegriffe
  - Begründen Sie Ihre Vorgehensweisen
  - Weisen Sie auf mögliche Probleme hin
  - Regen Sie den Mitarbeiter zu Fragen an
- Bei schwierigen Aufgaben: Nochmals vormachen und Kernpunkte wiederholen

3. Stufe: Nachmachen lassen
- Lassen Sie den Unterwiesenen die Aufgabe ausführen
  - Wenig Kommentar
  - Verbessern Sie (zunächst) nur grobe Fehler
- Lassen Sie den Unterwiesenen die Aufgabe ein zweites Mal ausführen
  - Verlangen Sie detaillierte Erklärungen und Begründungen
  - Prüfen Sie das Verständnis der einzelnen Arbeitsschritte
  - Verbessern Sie Fehler
  - Lassen Sie Fachausdrücke verwenden
- Falls erforderlich, weitere Wiederholung
- Lassen Sie nur noch Kernpunkte herausstellen

4. Stufe: Abschluss
- Lassen Sie den Mitarbeiter selbständig üben
  - Erteilen Sie einen Probeauftrag
- Benennen Sie eine Kontaktperson, die helfen kann
  - Kollegialitätsempfinden fördern
  - Sicherheitsgefühl erhöhen
- Beobachten Sie die Übungsfortschritte, und erkennen Sie die Erfolge an

Tab. 3.17: Inhalt und Ablauf einer Unterweisung

3.14 Coachinggespräch

Über Art und Inhalt von Coaching bestehen im deutschen Sprachraum gravierende Unterschiede. Mit dem Begriff werden Inhalte assoziiert, die vom einfachen Training unterschiedlichster Fähigkeiten über einen eher förderungsorientierten Ansatz bis zu einer umfassenden therapeutischen Beratung bei betrieblichen und privaten Problemsituationen reichen. In diesem Buch wird Coaching als eine psychologische Beratung auf Zeit verstanden, die in erster Linie Hilfe zur Selbsthilfe bei beruflichen oder den Beruf tangierenden privaten Problemen bietet.

Coaching für Führungskräfte

Adressaten des Coaching sind vorwiegend Führungskräfte. Die Anlässe für eine Beratung können nahezu alle Problemfelder im persönlichen und/oder betrieblichen Bereich sein. Unter anderem werden organisatorische Probleme im Betrieb, Konflikte unterschiedlichster Art, Motivations- und Führungsprobleme, eine gewandelte Unternehmenskultur oder Karriereprobleme bis zur beruflichen Stagnation genannt. Durch die Coachingberatung sollen Verbesserungen bei der Leistungserfüllung, in der persönlichen Entwicklung und hinsichtlich der Funktionsfähigkeit der Organisation erreicht werden.

Wann ist ein Coachinggespräch sinnvoll?

Coaching kommt immer dann in Frage, wenn das bestehende Verhaltensrepertoire einer Führungskraft nicht mehr ausreicht, um gegenwärtige oder zu erwartende Situationen zu bewältigen. Die Handlungskompetenz und das Verhaltensspektrum werden verbessert und damit die Zufriedenheit erhöht. Einfacher ausgedrückt könnte man auch sagen, der Coach ist der „Gesprächspartner für alle Fälle", der seinem Klienten für die Bearbeitung beruflicher Probleme, für die Berufs- und Lebensplanung, aber auch zur Reflexion und Weiterentwicklung persönlicher Wertvorstellungen und Einstellungen zur Verfügung steht.

Das wichtigste Element einer Coachingberatung ist das Gespräch eines psychologisch geschulten Beraters mit seinem Klienten. Im Gespräch werden die persönlichen Gedanken, Wertvorstellungen und Verhaltensweisen der beratenen Mitarbeiter reflektiert mit dem Ziel, ein realistisches Selbstbild zu gewinnen.

Beratung ohne Ratschlag

Coaching ist eine Beratung ohne Ratschlag. Der Coach ist für die Gestaltung und den Ablauf des Gesprächs verantwortlich, während die inhaltliche Verantwortung für das Gespräch beim Klienten liegt. Er bestimmt, welches Ziel erreicht werden soll, und bringt die Bereitschaft mit, an seinem Problem zu arbeiten und es zu lösen.

! WICHTIG

Der Coach hat nicht die Aufgabe die Probleme eines Klienten zu lösen, sondern er hat ihn bei der Lösung seiner Probleme zu unterstützen.

Voraussetzungen für ein erfolgreiches Coaching

Nach der Herkunft des Coachs wird zwischen internem und externem Coaching unterschieden. Eine wesentliche Voraussetzung für eine erfolgreiche Coachingberatung ist die *freiwillige Teilnahme*. Die Anregung für eine Beratung kann zwar vom Unternehmen ausgehen, jedoch darf kein Mitarbeiter dazu gezwungen werden. Nur wenn der Mitarbeiter (Klient) den Sinn und Nutzen einer Beratung erkennt und von deren Notwendigkeit überzeugt ist, wird er bereit sein, sich voll einzubringen. Eine zweite Voraussetzung ist die uneingeschränkte *Akzeptanz des Beraters*. Ohne Akzeptanz und gegenseitiges Vertrauen zwischen beiden Partnern wird es im Gespräch nicht zur notwendigen Offenheit kommen, um alle realen und befürchteten Probleme an- und auszusprechen. Schließlich muss sich der Beratene auch sicher sein, dass sämtliche Gesprächsinhalte vom Berater absolut vertraulich behandelt werden. Damit diese Voraussetzungen erfüllt sind, muss bei der Auswahl eines internen Coachs beachtet werden, dass das Verhältnis zum Klienten nicht durch bereits bestehende Beziehungen (z. B. Konkurrenzdenken, Abhängigkeiten, Vorurteile) oder auch nur wegen der bestehenden Pflichten gegenüber dem Unternehmen belastet ist. Über die Akzeptanz und das Vertrauen zum Coachingberater hinaus hängt es von der individuellen Situation der einzelnen Führungskraft ab, ob sie im Coaching ein geeignetes Instrument zur Lösung ihrer Probleme sieht.

Ablauf und Dauer einer Coachingberatung können je nach Situation sehr unterschiedlich sein. Im Mittelpunkt jeder Beratung steht das regelmäßige Gespräch zwischen dem Coach und dem beratenen Klienten. Vor dem eigentlichen Coachinggespräch wird häufig ein vorbereitendes Gespräch geführt, das eine unverbindliche Kontaktaufnahme und Überprüfung der gegenseitigen Akzeptanz zwischen Klient und Coach ermöglicht.

Für den Coach ist es wichtig, sich auf seine Rolle im Gespräch einzustellen. Er hält seine eigene Meinung zurück und erteilt keine gut gemeinten Ratschläge. Er steuert vielmehr das Gespräch durch geschickte Fragen (offene Fragen) und zeigt sich als guter Zuhörer. Das Beherrschen der Fragetechnik und der Fähigkeit aktiv zuzuhören (vgl. Kapitel 2.5.6 Fragetechnik) sind zwei entscheidende Anforderungen an einen guten Coach.

Beratung auf Zeit

Coaching ist im Regelfall als Beratung auf Zeit anzusehen. Das Ziel „Hilfe zur Selbsthilfe" kann nur dann als erreicht gelten, wenn sich der Coach nach erfolgreicher Durchführung des Prozesses wieder aus dem Leben des Klienten verabschieden kann. Es zählt zu den Aufgaben des Coachs, die Einstellung auf diese Trennung beim Klienten rechtzeitig herbeizuführen.

Die wichtigsten Ablaufschritte eines Coachinggesprächs sind im folgenden Gesprächsleitfaden zusammengefasst:

Leitfaden: Coachinggespräch

1. Gesprächseröffnung
   Begrüßung
   Atmosphäre schaffen und Beziehung aufbauen
   Vertrauensbasis herstellen
   Erwartungen klären

   ....

   ....

   Zeitrahmen bestimmen

   ....

   ....

2. Ziele definieren
   Inhaltliche Orientierung

   ....

   ....

   Gemeinsame Analyse der Problemsituation

   ....

   ....

   Abgrenzung und Auswahl der Problemfelder

   ....

   ....

   Vereinbarung über Themen, Ziel und Vorgehensweise

   ....

   ....

3. Lösungswege entwickeln
   Analyse ausgewählter Einzelprobleme

   ....

   ....

   Entwickeln und Bewerten von Problemlösungen

   ....

   ....

   Festlegung der weiteren Strategie und Handlungsalternativen

   ....

   ....

4. Transfer sichern
   Ergebnisse zusammenfassen

   ....

   ....

   Erwartungen aus der Gesprächseröffnung überprüfen
   Fazit ziehen

   ....

   ....

   Gespräch über das Gespräch führen (Metakommunikation)
   Umsetzung planen

   ....

   ....

Tab. 3.18: Leitfaden für ein Coachinggespräch

Gruppe 3: Sonderfälle

3.15 Delegationsgespräch

Zu den Aufgaben eines Vorgesetzten zählt auch die Delegation. Dabei werden Arbeiten mit genau abgegrenzten Kompetenzen und Verantwortlichkeiten zur selbstständigen Erledigung an geeignete Mitarbeiter übertragen. Auf diese Weise entlastet sich der Vorgesetzte und erreicht gleichzeitig bei den Mitarbeitern eine größere Zufriedenheit.

Delegation darf nicht zwischen Tür und Angel erfolgen. In einem Delegationsgespräch müssen die Delegationsaufgaben ausführlich mit dem ausgewählten Mitarbeiter besprochen werden. Dabei muss auch geklärt werden, ob die Bereitschaft zur Aufgabenübernahme vorhanden ist.

! **WICHTIG**

Delegation darf keinem Mitarbeiter aufgezwungen werden. Nur wer bereit und fähig ist Verantwortung zu tragen, kommt in Frage.

Erläutern Sie dem Mitarbeiter, warum Sie gerade ihn für diese Aufgabe ausgewählt haben. Das wirkt anspornend.

Beachten Sie in Abhängigkeit vom zur Delegation vorgesehenen Aufgabengebiet den „Reifegrad“ des ausgewählten Mitarbeiters. Je nach Reifegrad wird die Delegation eher ziel- oder eher aufgabenorientiert erfolgen. Einem sehr erfahrenen, also „reifen“ Mitarbeiter wird die Aufgabe sehr zielorientiert delegiert, d. h. der Vorgesetzte delegiert das Ziel und der Mitarbeiter entscheidet eigenständig über den Weg dorthin. Dagegen wird an einen Mitarbeiter mit geringer Erfahrung eher aufgabenorientiert delegiert. Zwar wird auch hier das Ziel genannt, aber zusätzlich wird auch die Vorgehensweise beschrieben, um das Ziel zu erreichen.

Leitfaden: Delegationsgespräch

1. Gesprächseinleitung
   Bauen Sie — wie bei jedem Mitarbeitergespräch — eine positive Gesprächsatmosphäre auf (Begrüßung, Dank fürs Kommen, faire Sitzverhältnisse, Smalltalk, um das Eis zu brechen).
   Bringen Sie Ihrem Mitarbeiter Wertschätzung entgegen.
   Nennen Sie den Gesprächsanlass.

   [Notizen]

2. Ausgangspunkt: die derzeitigen Aufgaben des Mitarbeiters
   Ist der Mitarbeiter mit seinem derzeitigen Aufgabengebiet zufrieden?
   Wie zufrieden sind Sie mit der bisherigen Arbeitsleistung des Mitarbeiters?
   Verweisen Sie auf die Fähigkeiten und Kompetenzen des Mitarbeiters (Sicherheit vermitteln).
   Klären Sie, ob der Mitarbeiter freie Kapazitäten hat, um neue Aufgaben zu übernehmen (ggf. müssen bisherige Aufgaben an andere Mitarbeiter übertragen werden).
   Wecken Sie bei Ihrem Mitarbeiter Interesse für die neue Aufgabe.

   [Notizen]

3. Vorstellen der Aufgabe, die Sie delegieren wollen
   Beschreiben Sie zunächst die Delegationsaufgabe.
   Verdeutlichen Sie die Vorteile für den Mitarbeiter (z. B. mehr Kompetenzen).
   Sprechen Sie die Sprache des Mitarbeiters.
   Erläutern Sie ggf. neue Fachbegriffe.
   Weisen Sie auf mögliche Probleme und Risiken hin.
   Veranlassen Sie den Mitarbeiter, Verständnisfragen zu stellen.

   [Notizen]

4.	Weitere Vorgehensweise Vergewissern Sie sich, dass der Mitarbeiter sich mit der Aufgabe identifiziert und die neue Herausforderung annehmen will. Erläutern Sie alle notwendigen Details der neuen Aufgabe. Geben Sie dem Mitarbeiter alle notwendigen Informationen. Räumen Sie dem Mitarbeiter die notwendigen Kompetenzen ein. Legen Sie fest, an welchen Kriterien der Erfolg gemessen wird. Klären Sie gemeinsam mit dem Mitarbeiter die weitere Vorgehensweise. Legen Sie ggf. notwendige Zwischenschritte fest. Bieten Sie Hilfe an, wenn Schwierigkeiten auftreten.
	[Notizen]
5.	Gesprächsabschluss Fassen Sie die wichtigsten Gesprächsergebnisse nochmals zusammen. Gesprächsabschluss (Dank, Motivation)
	[Notizen]

Tab. 3.19: Leitfaden für ein Delegationsgespräch

3.16 Vorstellungsgespräch

Eine besondere Stellung nimmt das Vorstellungsgespräch ein. Es wird zumeist von der Personalabteilung gemeinsam mit der Fachabteilung geführt.

Das Vorstellungsgespräch ist kein Mitarbeitergespräch, denn die Bewerber und Bewerberinnen sind noch nicht Mitarbeiter, so dass das für Mitarbeitergespräche typische Abhängigkeitsverhältnis noch nicht besteht. Obwohl noch nicht Mitarbeiter, gelten Bewerber und Bewerberinnen nach dem seit August 2006 in Kraft getretenen Allgemeinen Gleichbehandlungsgesetz (AGG) als Beschäftigte (§ 6 AGG), so dass die Regelungen des Gesetzes bereits bei der Personalsuche und -auswahl greifen.

Bei der Stellenausschreibung, bei der Bewerberauswahl und im Vorstellungsgespräch dürfen Bewerber und Bewerberinnen weder unmittelbar noch mittelbar aufgrund eines der Merkmale nach § 1 AGG benachteiligt werden. Im Vorstellungsgespräch dürfen Fragen nach diesen Kriterien — von den wenigen Ausnahmen der

§§ 8 bis 10 AGG abgesehen – nicht gestellt werden. Einzelheiten zum AGG finden Sie in Kapitel 7.

Beim Vorstellungsgespräch geht es darum, zu erkennen, ob ein Bewerber für eine bestimmte Position geeignet ist. Neben einer Vielzahl von Auswahlmethoden (Analyse der Bewerbungsunterlagen, biographischer Fragebogen, Testverfahren usw.) spielt das persönliche Gespräch nach wie vor eine zentrale Rolle bei der Auswahl neuer Mitarbeiter. In vielen Unternehmen ist das Vorstellungsgespräch auch heute noch das einzige Instrument, um eine Auswahlentscheidung zu treffen. Werden umfassende Auswahlverfahren (z. B. ein Assessment Center) durchgeführt, so sollte mindestens ein persönliches Gespräch Bestandteil des Verfahrens sein.

Basis im Vorstellungsgespräch ist das Anforderungsprofil der zu besetzenden Stelle. Im Gespräch gilt es festzustellen, ob und in welchem Umfang die Bewerber über die im Anforderungsprofil definierten Fähigkeiten verfügen. Dabei geht es insbesondere darum, persönliche Eigenschaften des Bewerbers (z. B. Teamfähigkeit, eigenverantwortliches Handeln) anzusprechen, die sich anhand der schriftlichen Bewerbungsunterlagen kaum beurteilen lassen.

Um insbesondere überfachliche Qualifikationen zu überprüfen, gilt es, soviel Praxisbezug wie möglich in das Gespräch einzubringen. Dies erreichen Sie über die situative Gesprächsführung.

BEISPIEL

„In welcher Situation sind Sie wie vorgegangen, warum und um was zu erzielen?“

Situative Gesprächsführung bedeutet im Vorstellungsgespräch, den Bewerber mit möglichst vielen, praxisnahen Situationen zu konfrontieren. Themen im Rahmen dieser situativen Gesprächsführung sind zunächst real existierende Erfahrungen des Bewerbers. Dahinter steht der Gedanke, dass man nur über Dinge, die man tatsächlich selbst erlebt hat, umfassend und überzeugend Auskunft geben kann. Wer dagegen über etwas detailliert Auskunft geben soll, das er nur vom Hörensagen kennt, gerät schnell ins Stocken und wirkt i. d. R. unglaubwürdig.

TIPP

Geben Sie sich nicht mit oberflächlichen Antworten des Bewerbers zufrieden, sondern haken Sie nach, um auch die Details seiner Erfahrungen kennen zu lernen und zu beurteilen.

Darüber hinaus erreichen Sie eine situative Gesprächsführung auch mittels fiktiver Situationen. Sie konfrontieren den Bewerber mit bekannten, ggf. kritischen Situationen des potenziellen Arbeitsplatzes und erhalten so einen Eindruck, wie er damit umgehen würde. In solchen Gesprächssituationen neigen die Bewerber dazu, zunächst aus der „Vogelperspektive" zu beschreiben, wie sie sich in der jeweiligen Situation verhalten würden. Oder sie antworten im Sinne der „sozialen Erwünschtheit", d. h., wie sie glauben, dass der Gesprächspartner dies gerne hören möchte.

Zuverlässigere Antworten erhalten Sie, wenn Sie die jeweils geschilderte Situation in ein *Rollenspiel* umgestalten. So beschränkt sich der Bewerber nicht darauf, zu beschreiben, was er tun würde, sondern muss sofort agieren.

Beurteilen Sie die Reaktion des Bewerbers:

- Wie ist sein allgemeines Verhalten?
- Bleibt er trotz der gespannten Situation ruhig und besonnen?
- Sucht er nach einer akzeptablen Lösung für Ihr Problem?

Das Rollenspiel birgt dabei noch einen weiteren Vorteil: Sie können von der grundsätzlich geforderten, freundlichen und offenen Atmosphäre im Vorstellungsgespräch abweichen und — in angemessenem Umfang — als schwieriger Gesprächspartner auftreten. So konfrontieren Sie den Bewerber unmittelbar mit kritischen Situationen. Stellen Sie aber deutlich heraus, wann das Rollenspiel beendet ist und wieder zu der freundlichen und offenen Gesprächsatmosphäre eines Vorstellungsgesprächs zurückgekehrt wird.

Jede Position und jeder Bewerber sind anders, weshalb auch jedes Vorstellungsgespräch anders verlaufen wird. Der folgende Leitfaden kann als Anregung für den Gesprächsablauf und für die Erstellung eines eigenen Leitfadens dienen.

TIPP

Achten Sie darauf, dass keine Fragen nach den Diskriminierungskriterien des AGG gestellt werden. Erstellen Sie für die Vorstellungsgespräche im Hinblick auf eine konkret zu besetzende Stelle einen einheitlichen Gesprächsleitfaden.

Damit können Sie später nachweisen, dass allen Bewerbern die gleichen Fragen gestellt wurden.

Ob mit oder ohne Verwendung eines Leitfadens, sollten Sie vor Gesprächsbeginn überlegen

- wie Sie im Vorstellungsgespräch wichtige Punkte des Anforderungsprofils klären werden (z. B. Teamfähigkeit, PC-Kenntnisse),
- welche Informationen Sie aus den Unterlagen des jeweiligen Bewerbers detaillierter erfragen wollen (z. B. Kündigungsgründe),
- welche Fragen trotz Bewerbungsunterlagen noch offen sind (z. B. Eintrittstermin, Gehaltsvorstellungen).

Leitfaden: Vorstellungsgespräch	
Position:	Bewerber: ....
Abteilung:	Gespräch vom: ....
Vorgesetzter:	Gesprächsteilnehmer: ....
Eintrittstermin:	....
Gesprächsphase/Erläuterungen	**Notizen**
1. Gesprächsbeginn	
▪ Begrüßung des Bewerbers ▪ „Warming up“: angenehme Atmosphäre schaffen (Fragen zur Anreise etc.) ▪ sich selbst und alle anwesenden Gesprächspartner mit Namen und Funktion vorstellen ▪ den Ablauf des Gesprächs kurz skizzieren	

2. Bisheriger Werdegang des Bewerbers

- den Bewerber zunächst seinen bisherigen Werdegang schildern lassen
- nervöse Bewerber zu diesem Zeitpunkt nur unterbrechen, wenn unbedingt erforderlich
- nachhaken, wenn etwas unklar ist bzw. wenn Sie den Grund für gewisse Entscheidungen wissen möchten, weitere Informationen benötigen usw.

3. Jetziges Aufgabengebiet

- Aufgaben und Kompetenzen
- typischer Tagesablauf
- welche Aufgaben werden gern/ungern erledigt
- kritische Situationen
- Grund für den angestrebten Wechsel

4. Zukünftiges Aufgabengebiet

- Erwartungen und Ziele
- worauf wird besonders viel Wert gelegt (Betriebsklima, Teamarbeit, gleitende Arbeitszeit ...)
- welche Dinge werden abgelehnt

5. Übereinstimmung des Bewerberprofils mit dem Anforderungsprofil

- fachliche Anforderungen
- persönliche Anforderungen

6. Situative Fragestellungen

- wichtige Aspekte des Anforderungsprofils hinterfragen
- real existierende Erfahrungen des Bewerbers einbeziehen
- fiktive Situationen zur Diskussion stellen

7. Fragen zum Unternehmen

- wie sind Sie auf unser Unternehmen und die ausgeschriebene Position aufmerksam geworden
- warum haben Sie sich bei uns beworben
- was wissen Sie über unser Unternehmen und unsere Produkte

8. Vorstellung des Unternehmens und der zu besetzenden Position
Informieren Sie den Bewerber offen und ehrlich, damit auch er sich ein realistisches Bild von Ihrem Unternehmen machen kann. Dazu gehören: ▪ das Unternehmen und seine Marktposition ▪ Produktpalette/Dienstleistungen ▪ die zu besetzende Position (Aufgaben, Umfeld ...) ▪ vertragliche Fragen (Sozialleistungen, Arbeitszeiten ...)
9. Offene Fragen des Bewerbers klären
10. Abschließende Formalitäten
▪ frühest möglicher Eintrittstermin ▪ derzeitiges Ist-Gehalt ▪ erwartetes Gehalt ▪ gesundheitliche Einschränkungen
11. Gesprächsabschluss
▪ dem Bewerber das weitere Verfahren erläutern ▪ Dank für das Gespräch aussprechen ▪ Verabschiedung

Tab. 3.20: Leitfaden für ein Vorstellungsgespräch

Der vorstehende Leitfaden kann in dieser Form auch gleichzeitig als Protokoll benutzt werden. Dokumentieren Sie dabei nicht nur, ob Kriterien des Anforderungsprofils erfüllt werden oder nicht, sondern aus welchen im Gespräch geschilderten Umständen Sie dies entnehmen. Lassen Sie ggf. einen neutralen Kollegen die Vorstellungsgespräche verfolgen und dokumentieren. Aus Beweisgründen, sollte das Vorstellungsgespräch immer von zwei Personen geführt werden.

3.17 Lehrgespräch

Der rasche technologische Wandel sowie die Übernahme ständig neuer, häufig anspruchsvollerer Aufgaben verlangen nach einer laufenden Anpassung der Qualifikationen der Mitarbeiter. Die Vermittlung neuer Qualifikationen erfolgt entweder am (Training-on-the-job) oder außerhalb des Arbeitsplatzes (Training-off-the-job).

Bildungsmaßnahmen am Arbeitsplatz finden im direkten Zusammenwirken zwischen den Mitarbeitern und ihren Vorgesetzten ständig statt. Eine der wichtigsten arbeitsplatzgebundenen Methoden ist die bereits erwähnte Unterweisung. Immer häufiger sind die Führungskräfte aber auch in der Bildung außerhalb der Arbeitsplätze als Trainer eingesetzt. Dabei nimmt das Lehrgespräch eine dominierende Stellung ein. Wie bei der Unterweisung empfiehlt sich auch beim Lehrgespräch ein stufenweises Vorgehen.

Leitfaden: Lehrgespräch

1. Einleitungsphase — Teilnehmer motivieren und Gesprächsgrundlage schaffen
   - Thema nennen und abgrenzen

     ....

     ....

   - Gesprächsziel (Lernziel) nennen

     ....

     ....

   - Aktive Mitarbeit der Teilnehmer sicherstellen
     - An vorhandene Erfahrungen anknüpfen
     - Nutzen für die Teilnehmer herausstellen
     - Sonstiger attraktiver Einstieg
   - Zeitrahmen bekannt geben

     ....

     ....

   - Behandlungsreihenfolge vereinbaren

     ....

     ....

   - Gemeinsame Ausgangsbasis sicherstellen

     ....

     ....

2. Diskussionsphase – durch Denkanstöße Gespräch zielwirksam vorwärts bringen
   - Sachproblem erörtern
   - Vergleiche herstellen (z. B. früher/heute, wir/andere, Kosten/Nutzen)
   - Bewertungen/Beurteilungen vornehmen (z. B. wirtschaftlich, sozial)
   - Beiträge hervorheben/gewichten
   - Folgerungen ziehen lassen
   - Teilnehmer durch Einsatz der Fragetechnik aktivieren
     - Offene Fragen (W-Fragen) einsetzen
     - Fragen möglichst an alle Teilnehmer richten
     - Fragen aus dem Auditorium (wenn möglich) durch das Auditorium beantworten lassen
   - Aktiv zuhören; Teilnehmer ausreden lassen
   - Gespräche strukturieren
     - Gliederung herausarbeiten
     - Orientierungshilfen einbauen
   - Spielregeln beachten (Melden, Reihenfolge ...)
   - Zwischenergebnisse zusammenfassen (lassen)
   - Zwischenergebnisse festhalten (visualisieren)

   [Zwischenergebnisse] ....

   ....

   ....

   ....

   ....

3. Abschlussphase – Lernerfolg verdeutlichen und sichern
   - Ergebnis zusammenfassen (Fazit)
   - Endergebnis sichern (Protokoll, Nacharbeit, Literaturhinweise)
   - Persönliche Folgerungen ziehen lassen (Nutzen, künftige Anwendung ...)
   - Motivation für künftige Lehrgespräche

   [Ergebnisse] ....

   ....

   ....

   ....

Tab. 3.21: Leitfaden für ein Lehrgespräch

4 Moderierte Teamgespräche

Das Mitarbeitergespräch wird mit einem einzelnen Mitarbeiter geführt. Wenn ein Thema mehrere Mitarbeiter betrifft, dann kann dies im Team besprochen werden. Im Teamgespräch werden die Sichtweisen aller Teammitglieder einbezogen. Ein zielorientiertes Teamgespräch muss geleitet oder moderiert werden.

4.1 Teamgespräche moderieren oder leiten

Das *geleitete Teamgespräch* läuft nach den Regeln der Konferenztechnik ab. Die Verantwortung für den Besprechungsablauf liegt beim Vorgesetzten, der eine geordnete Abwicklung sicherzustellen hat. Er hat dafür zu sorgen, dass die Besprechungsziele erreicht werden. Er steuert die Diskussion und vermittelt Denkanstöße. Die wichtigsten Regeln für die Durchführung eines geleiteten Teamgesprächs sind in der folgenden Checkliste zusammengefasst.

Checkliste: Durchführung eines geleiteten Teamgesprächs
Begrüßung und ggf. Vorstellung
Allgemeine Einführungsinformationen geben (z. B. Regularien)
Darlegung der Themen ▪ Besprechungsziel formulieren ▪ weiteren Ablauf vorschlagen/vereinbaren ▪ Zeitrahmen (für den jeweiligen Besprechungspunkt bekannt geben)
Bei der Besprechung alle Teilnehmer zur Mitarbeit anregen ▪ Eröffnungsfragen vorbereiten ▪ grundsätzlich alle Teilnehmer ansprechen und alle zu Wort kommen lassen ▪ Fragetechnik einsetzen
Von Zeit zu Zeit Zwischenergebnisse zusammenfassen
Beschlüsse herbeiführen
Gesamtergebnis feststellen (Gemeinsamkeiten betonen)
Ergebnisse sichern (Maßnahmenplan, Aufgabenverteilung)
Dank für Kommen und Mitarbeit; Verabschiedung

Ein in traditioneller Weise geleitetes Teamgespräch hat viele Schwächen. Während einer redet, sind die anderen zum passiven Zuhören verurteilt. Dauerredner beherrschen die Diskussion, ruhigere oder hierarchisch schwächere Teilnehmer kommen nicht zu Wort.

Ganz anders sieht es beim *moderierten Teamgespräch* aus. Das Wissen, die Erfahrung oder die Kreativität der gesamten Gruppe werden aktiviert. Die Moderationsmethode ermöglicht es, konkrete Probleme in kürzester Zeit *gemeinsam* zu bearbeiten und Lösungen zu entwickeln. Die einzelnen Arbeitsschritte bauen logisch aufeinander auf und sind in sich gegliedert. Die gefundenen Lösungen weisen einen hohen Qualitätsstandard auf. Alle Teilnehmer haben Gelegenheit, sich zu äußern. Alle Beiträge stehen gleichwertig nebeneinander. Weil alle Teammitglieder an der Problemlösung beteiligt werden, können sich auch alle mit den erarbeiteten Ergebnissen identifizieren.

Die Rolle des Moderators

Der Moderator unterscheidet sich deutlich vom Besprechungsleiter im traditionellen Sinne. Er ist ein methodischer Helfer bei der Gesprächssteuerung. Er unterstützt und erleichtert die Kommunikation in der Gruppe, ohne auf die inhaltlichen Entscheidungen Einfluss zu nehmen.

Eine erfolgreiche Moderation verlangt nach einer sauberen Aufgabenteilung zwischen dem Team und dem Moderator. Der Moderator ist ein Kommunikationsspezialist, der das Handwerkszeug der Moderation beherrscht und die Verantwortung für den Gesprächsablauf trägt. Für den Inhalt ist die Gruppe verantwortlich. Diese Rollenaufteilung ist gefährdet, wenn Sie als Moderator gleichzeitig auch am fachlichen Teil des Teamgesprächs beteiligt sind.

TIPP

Wenn Sie als Vorgesetzter eine Moderation für ein Teamgespräch übernehmen, an dessen Ergebnis Sie ein eigenes Interesse haben, dann müssen Sie die Rolle des Moderators klar von der Rolle des Teilnehmers trennen. In solchen Fällen sollten Sie die Moderatorenrolle auf ein Teammitglied übertragen.

4.2 Techniken für eine erfolgreiche Teammoderation

Der Moderator verfügt über zahlreiche Moderationstechniken, mit denen er die Teilnehmer bei der inhaltlichen Problembearbeitung unterstützt. Dazu zählen alle Methoden, die sich für das Bearbeiten von Themen oder zur Entscheidungsfindung eignen. Bei der Moderation eines Teamgesprächs sollten Sie mindestens die folgenden Techniken beherrschen.

4.2.1 Kartenabfrage und Zurufabfrage

Die *Kartenabfrage* eignet sich, wenn viele Antworten erwartet werden. Jede Lösung wird auf einer eigenen Karte notiert. Wegen der Anonymität der Antworten eignet sich die Technik auch bei sensiblen Themen. Bei der *Zurufabfrage* sprechen die Teilnehmer ihre Antwort vor dem Auditorium offen aus. Diese „Öffentlichkeit" bewirkt durch die gegenseitige Anregung eine Art Brainstormingeffekt. Die Zurufabfrage wird gerne bei kleinen Gruppen eingesetzt, um schnell ein breites Meinungsbild zu bekommen.

Checkliste: Vorgehen bei der Karten- und Zurufabfrage

So gehen Sie bei der Kartenabfrage vor

- Die Teilnehmer erhalten ausreichend Kommunikationskarten.
- Der Moderator schreibt die Frage auf eine Pinnwand und stellt sicher, dass sie von allen Teilnehmern verstanden wird.
- Jeder Teilnehmer notiert seine Antworten auf Karten.
- Je Karte darf nur eine Idee aufgeschrieben werden.
- Die Karten werden eingesammelt und in willkürlicher Anordnung an die Pinnwand geheftet. Durch Clustern (vgl. unten) wird in einem späteren Arbeitsschritt eine sinnvolle Ordnung hergestellt.
- Bei Zeitknappheit kann sich eine Begrenzung der Kartenzahl als sinnvoll erweisen.

So gehen Sie bei der Zurufabfrage vor

- Schreiben Sie die Fragestellung an die Pinnwand.
- Die Frage wird kurz eingeleitet oder wörtlich vorgelesen.
- Die Teilnehmer rufen dem Moderator ihren Beitrag zu.
- Der Moderator oder ein Helfer schreiben die Antworten auf Karten und heften diese an die Pinnwand.
- Die einzelnen Ideen werden nicht kommentiert.
- Weitere Bearbeitung wie bei der Kartenabfrage.

4.2.2 Punktabfragen

Bei Punktabfragen werden ein oder mehrere Punkte verteilt, um Ergebnisse zu bewerten, Entscheidungen zu treffen oder die Stimmung in der Gruppe zu verdeutlichen.

Bei der *Einpunktabfrage* erhält jeder Teilnehmer einen Klebepunkt, den er an die von ihm gewählte Rasterstelle klebt.

BEISPIEL für die Einpunktabfrage

Stimmungsbarometer (anhand einer Barometerskala oder durch verschiedene Gesichter wird die jeweilige Stimmung verdeutlicht).

Mehrpunktabfragen eignen sich zur Bewertung von Listen, zur Festlegung von Prioritäten oder Rangfolgen und um Interessensschwerpunkte zu ermitteln. Mehrpunktabfragen ersetzen in der Moderation die Abstimmung.

BEISPIEL für die Mehrpunktabfrage

Bei einem Themenspeicher (vgl. unten) wird durch eine Mehrpunktabfrage über die weitere Bearbeitung der Themen entschieden.

Checkliste: Vorgehen bei den Punktabfragen

Regeln zur Einpunktabfrage

- Bereiten Sie ein Antwortraster (z. B. eine Entscheidungstabelle oder Schätzskala) vor und erläutern Sie es kurz.
- Die Überschrift wird als Frage oder These formuliert.
- Die Frage wird kurz eingeleitet und die Skala wird erklärt.
- Jeder Teilnehmer erhält einen Klebepunkt mit der Bitte, ihn an die von ihm gewählte Rasterstelle zu kleben.

Regeln zur Mehrpunktabfrage

- Schreiben Sie an eine Pinnwand mehrere Alternativen, die zur Auswahl stehen (z. B. eine Entscheidungstabelle).
- Jeder Teilnehmer erhält mehrere Klebepunkte mit der Bitte, diese an die gewählte Position zu kleben.
- Faustregel: Die Zahl der Punkte je Teilnehmer ist etwa halb so groß wie die Zahl der zu bewertenden Alternativen.
- Aus der Addition der jeweils in eine Zeile geklebten Punkte ergibt sich eine Rangfolge.

4.2.3 Clustern und Themenspeicher

Wenn nach einer Kartenabfrage oder Zurufabfrage viele Lösungen vorliegen, werden die zunächst unsortierten Einzelbeiträge in eine sinnvolle Struktur gebracht. Dabei werden Antworten mit gleichem oder ähnlichem Inhalt zu *Clustern* (Klumpen) zusammengefasst.

Anschließend lässt der Moderator von der Gruppe einen passenden Oberbegriff für jedes Cluster bestimmen. Dieser wird auf eine ovale Karte notiert und über den entsprechenden Klumpen gesteckt. Die entstandenen Themengruppen werden entweder in einen Themenspeicher übernommen oder sofort in Arbeitsthemen umformuliert und weiter bearbeitet.

! **ACHTUNG**

Achten Sie darauf, dass während des Clusterns keine Inhalte diskutiert werden und keine Idee ausgelassen wird, auch wenn nur eine Karte vorhanden ist.

Der *Themenspeicher* (auch Problemliste genannt) schließt zumeist an die Klumpenbildung an. Die durch Clustern entstandenen Themengruppen werden in einer Problemliste zusammengefasst. Das durch die unterschiedliche Anzahl von Karten entstandene optische Gewicht einzelner Cluster wird neutralisiert.

Bei einer anderen Vorgehensweise wird die Punktbewertung bereits nach der Bildung von Oberbegriffen vorgenommen und diese werden entsprechend der erzielten Rangfolge in den Themenspeicher übertragen.

Checkliste: Clustern und Themenspeicher

So gehen Sie beim Clustern vor

- Jede Karte wird kommentarlos laut vorgelesen.
- Die Teilnehmer entscheiden über die Zuordnung der Karten zu zusammengehörigen Themengruppen.
- Ordnen Sie die Karten nach den Vorgaben der Teilnehmer.
- Gleichlautende Karten werden alle aufgehängt, damit kein Teilnehmer den Eindruck hat, dass seine Karte aussortiert wird.
- Die so entstandenen Cluster werden nach Beendigung der Zuordnung dick umrandet.

Regeln zur Bildung eines Themenspeichers

- Bereiten Sie auf einer Pinnwand eine Problemliste vor.
- In diese Liste werden alle Themen eingetragen.
- Die Reihenfolge für die weitere Bearbeitung wird durch Punktbewertung festgestellt.
- Erläutern Sie, wie viele Punkte jeder Teilnehmer bekommt und nach welchen Regeln gepunktet werden soll.
- Die Klebepunkte werden verteilt.
- Die Punkte werden gezählt und je Thema notiert.

Die Themen mit den höchsten Bewertungen können in Kleingruppen (vgl. unten) weiterbearbeitet werden. Ideen mit nur wenigen Bewertungspunkten fallen durch den demokratischen Prozess heraus, ohne dass sie direkt abgelehnt werden müssen.

4.2.4 Kleingruppenarbeit

Die Kleingruppenarbeit wird eingesetzt, wenn abgegrenzte Themen detailliert bearbeitet werden sollen. Das gesamte Team wird in arbeitsfähige Untergruppen aufgeteilt. Eine Kleingruppe umfasst drei bis maximal sechs Personen. Durch die Arbeitsteilung können gleichzeitig mehrere Themen bearbeitet werden. Kleingruppen arbeiten schneller und effektiver als große Gruppen. Die Gemeinsamkeit der Gesamtgruppe bleibt durch die nachfolgende Präsentation und Diskussion erhalten.

! **ACHTUNG**

Achten Sie bei gleichzeitig arbeitenden Kleingruppen immer darauf, dass sich die Gruppen nicht als Konkurrenten verstehen.

Checkliste: Kleingruppenarbeit

- Themen und Arbeitsaufträge festlegen und visualisieren.
- Gruppeneinteilung: Die Zuordnung zu einer Gruppe erfolgt nach persönlichen Interessen, Zufall oder Expertenwissen.
- Arbeitsplatz einrichten für jede Gruppe (Pinnwände, Visualisierungsmaterial).
- Jede Gruppe bestimmt ihren Moderator.
- Innerhalb der Gruppe Thema klären und aufschreiben.
- Ziel und Form des Endprodukts festlegen.
- Thema bearbeiten (z. B. mit einer Mehrfelder-Tafel, vgl. unten).
- Präsentation vorbereiten: Wer trägt vor und wer assistiert dabei?
- Präsentation der Arbeitsergebnisse im Plenum.
- Die Gesamtgruppe entscheidet, ob eine weitere Bearbeitungsphase erforderlich ist.

! **ACHTUNG**

Die Kleingruppenarbeit ist nicht geeignet bei Bewertungs- und Entscheidungsphasen. Das ist Sache der Gesamtgruppe, andernfalls würden die Ergebnisse nicht von allen mitgetragen.

4.2.5 Mehr-Felder-Tafel (Szenario-Technik)

Die Mehr-Felder-Tafel eignet sich besonders für die Bearbeitung eines Themas in kleinen Gruppen. Sie wird eingesetzt, um ein Thema grob zu durchleuchten bis zur Entwicklung erster Lösungsansätze. Man unterscheidet, die Zwei-, Drei- und Vier-Felder-Tafel. Die Stärken der Mehr-Felder-Tafel sind:

- Es werden wenige, aber wichtige Aspekte eines Problems aufgegriffen.
- Die Bearbeitung wird in überschaubare Schritte unterteilt.
- Die Diskussion konzentriert sich auf die visualisierten Punkte.
- Die Darstellung der Ergebnisse ist sehr übersichtlich.

Die *Zwei-Felder-Tafel* wird besonders häufig verwendet. Sie überzeugt durch ihre einfache Struktur und erlaubt eine erste Bearbeitung eines Themas. Die Fragestellung und die Bezeichnung der beiden Felder sollten so formuliert sein, dass die Teilnehmer zu möglichst konkreten Antworten gezwungen werden.

▶ **BEISPIEL für die Zwei-Felder-Tafel**

Abwägen zweier Alternativen: Was spricht für A? - Was spricht für B?
Problemanalyse: Wie äußert sich das Problem? — Was können die Ursachen sein?

Bei der *Drei-Felder-Tafel* wird die Bearbeitung eines Themas auf drei Aspekte erweitert. Dabei werden (wie bei einem umgekehrten T) zumeist zwei Aspekte eines Problems einander gegenübergestellt und daraus bestimmte Aktivitäten entwickelt. Das folgende Beispiel zeigt, dass die Drei-Felder-Tafel häufig eine erweiterte Zwei-Felder-Tafel ist. Zwei Felder sind mit einer Gegenüberstellung belegt, aus der in einem dritten Feld die weitere Fragenstellung abgeleitet wird.

▶ **BEISPIEL für die Drei-Felder-Tafel**

Eine bestimmte Lösungsmöglichkeit wird analysiert: Was sind die Vorteile? — Was sind die Nachteile (Risiken)? — Was müssen wir beachten?

Die *Vier-Felder-Tafel* eignet sich gut bei der Kleingruppenarbeit, wenn mehrere Gruppen gleichzeitig arbeiten. In kurzer Zeit können erste Gedanken zu einem oder mehreren Themen entwickelt werden, die dann im Plenum vertieft werden.

BEISPIEL für die Vier-Felder-Tafel

Feld A: Soll-Zustand — Feld B: Ist-Zustand — Feld C: Ursachen für die Abweichungen — Feld D: Entwicklung von Lösungsvorschlägen

4.2.6 Matrixdarstellung

Die Mehr-Felder-Tafel kann ausgeweitet werden bis zu einer umfangreichen Matrixdarstellung. Mit einer Matrix können mehrere Datenkomplexe zueinander in Beziehung gesetzt werden. Die Themenbearbeitung wird streng strukturiert und die Zusammenhänge zwischen den einzelnen Daten werden deutlich.

Checkliste: Arbeiten mit der Mehr-Felder-Tafel

Regeln für die Mehrfeldertafel

- Der Moderator schlägt der Gruppe ein Szenarium vor, das mithilfe einer Mehrfeldertafel bearbeitet werden soll.
- Der Moderator schreibt auf die Pinnwand das Arbeitsthema und zeichnet die vorgesehene Feldergruppierung. Er formuliert die Benennung der Felder und die zugehörigen Fragen.
- Die Teilnehmer antworten auf die Fragen jedes Feldes mit Zuruf.
- Der Moderator steuert die Fragerunde und notiert die Antworten auf dem Plakat.
- Die Zahl der Felder hat auf die Vorgehensweise keinen Einfluss.

So gehen Sie bei der Matrixdarstellung vor

- Der Moderator entwirft die Matrix an einer Pinnwand.
- Die Bezeichnung der Spalten und Zeilen wird von der Gruppe festgelegt.
- Die Gruppe bearbeitet das Thema durch Zuruf.
- Der Moderator steuert die Diskussion und visualisiert die Beiträge.

4.2.7 Maßnahmenplan und Fragenspeicher

Die während einer Moderation erzielten Ergebnisse werden in einen *Maßnahmenplan* übernommen. Dieser enthält die erarbeiteten Beschlüsse oder Aktivitäten sowie Hinweise, wer welche Aufgaben bis wann zu erledigen hat und wer ggf. dabei hilft. Damit wird für alle Teilnehmer nochmals dokumentiert, was bei der Sitzung erreicht wurde. Das Plakat für den Maßnahmenplan kann schon vor Beginn der Teamarbeit vorbereitet werden.

Maßnahmenplan					
Teamgespräch vom:		Teilnehmer:			
Top	Beschluss/Ergebnis/Aktion	Wer	Mit wem?	Termin	Kontrolle

Der *Fragenspeicher* ist ein Parkplatz für offene Fragen. Während einer Moderation können Probleme auftreten, die nicht sofort bearbeitet werden. Durch Aufnahme in einen Fragenspeicher wird eine spätere Bearbeitung sichergestellt.

!

ACHTUNG

Durch die Aufnahme in den Fragenspeicher erkennen die aktuellen Fragesteller, dass ihr Problem nicht übergangen wird.

Checkliste: So setzen Sie den Fragenspeicher ein

So gehen Sie vor

- Erläutern Sie den Teilnehmern den Sinn des Fragenspeichers.
- Probleme, die in der laufenden Sitzung nicht sofort bearbeitet werden können, werden in den Fragenspeicher aufgenommen.
- Das offene Problem wird vom jeweiligen Autor als Frage formuliert.
- Die Gruppe entscheidet über die Aufnahme in den Fragespeicher.
- Fragen, die im Laufe der Sitzung geklärt wurden, werden aus dem Fragenspeicher entfernt.
- Der Moderator weist vor dem Ende der laufenden Sitzung nochmals auf den offenen Fragenspeicher hin.
- Die Gruppe entscheidet, wie weiter damit umgegangen wird.
- Der Fragenspeicher gleicht einem Themenspeicher, der um eine Spalte „Bearbeitungstermin“ ergänzt wird.

4.2.8 Wer fragt, der führt

Das Beherrschen der *Fragetechnik* gehört zur Grundausstattung eines guten Moderators. Durch eine geschickte Fragestellung werden Denkanstöße vermittelt, damit die Teammitglieder ihr vorhandenes Wissen, ihre Erfahrungen, aber auch Meinungen und Stimmungen äußern. Die Fragetechnik wurde bereits an anderer Stelle (vgl. S. 39) behandelt. Ergänzend zu den bereits dargestellten Fragearten folgen hier noch zwei besonders wichtige Techniken, die Sie benötigen, um mit Fragen richtig umzugehen, die aus dem Team an Sie selbst gestellt werden.

Mit der *Rückgabetechnik* können Sie reagieren, wenn aus der Gruppe etwas zur Sache gefragt wird und Sie als Moderator der Meinung sind, dass diese Frage auch von der Gruppe selbst beantwortet werden kann.

BEISPIEL

Mitarbeiter: „Ist diese Strategie mit unserer Unternehmensphilosophie vereinbar?"
Moderator: „Herr Braun fragt, ob diese Strategie mit der Philosophie unseres Unternehmens vereinbar ist? Was meinen die anderen dazu?"

Die *Nachfragetechnik* benötigen Sie, um unklare oder problematische Aussagen von Teilnehmern zu hinterfragen. Außerdem zwingen Sie die Teilnehmer durch Nachfragen zu größerer Genauigkeit.

BEISPIEL

Mitarbeiter: „Das haben wir schon mehrfach ohne Erfolg versucht."
Moderator: „Wieso hatten wir keinen Erfolg?" oder „Was glauben Sie, woran frühere Versuche gescheitert sind?"

4.3 Vorbereitung eines moderierten Teamgesprächs

Ein effizientes Teamgespräch hat ein Ziel und läuft nach geordneten Strukturen ab. Dazu bedarf es einer guten Vorbereitung. Die dabei investierte Zeit amortisiert sich durch Zeitersparnisse während der Sitzung und durch bessere Ergebnisse.

4.3.1 Welche Moderationserfahrungen haben die Teilnehmer?

Die Teilnehmer eines moderierten Teamgesprächs müssen über die notwendige Sachkompetenz verfügen und willens sein, in der Gruppe aktiv zur Problemlösung beizutragen. Durch eine Analyse der Teilnehmer erfahren Sie, über welche Moderationserfahrungen die Gruppe verfügt und welche Regeln für den Umgang miteinander zu formulieren sind. Sie können geeignete Techniken auswählen und passende Rahmenbedingungen planen.

TIPP

Klären Sie beim erstmaligen Einsatz der Moderationsmethode, welche Erfahrungen die Teilnehmer damit haben. Eine zuverlässige weitere Planung wird nur möglich sein, wenn Sie wissen, ob Sie es mit Moderationsneulingen zu tun haben, die Sie zunächst in die Methode einführen müssen.

Zu einem moderierten Teamgespräch sollten nur Personen eingeladen werden, die etwas zum Ergebnis beitragen können.

Die Anzahl der Teilnehmer bei einer Moderation darf nicht zu groß sein. Eine Faustregel besagt, dass bei Gruppen bis zu zehn Personen mit einem Moderator gearbeitet werden kann. Darüber hinaus wird ein zweiter Moderator erforderlich.

4.3.2 Sorgen Sie für ein klares Gesprächsziel

Jedes Teamgespräch benötigt ein eindeutiges, von allen Teilnehmern akzeptiertes Ziel. Das Gesprächsziel sagt aus, was am Ende der Sitzung erreicht werden soll. Bei der Zielformulierung haben Sie je nach Thema zwei Möglichkeiten:

- Sie formulieren das Ziel alleine und schlagen es den Teilnehmern zu Beginn der Sitzung vor. In diesem Fall müssen Sie sicherstellen, dass das Moderationsziel von allen Teilnehmern verstanden und akzeptiert wird. Die Teilnehmer sollten Gelegenheit haben, mögliche Bedenken zu artikulieren und ggf. Zieländerungen vorzunehmen.
- Falls das Ziel zu Beginn der Sitzung noch nicht eindeutig feststeht, muss es in einem ersten Arbeitsschritt vom Team erarbeitet werden. Dabei können bereits Moderationstechniken eingesetzt werden.

Bei der Gesprächsdurchführung wird das Ziel visualisiert und bleibt für die Dauer der Veranstaltung für alle sichtbar hängen.

TIPP

Formulieren Sie Ihre Ziele so, dass am Ende der Veranstaltung überprüft werden kann, ob die Ziele erreicht wurden.

BEISPIELE zur Zielformulierung

Falsch: besseres Qualitätsbewusstsein
Richtig: Maßnahmen zur Verbesserung des Qualitätsbewusstseins
Falsch: größere Kundenzufriedenheit
Richtig: Vorschläge zur Steigerung der Kundenzufriedenheit

4.3.3 Ablaufplan

Der voraussichtliche Ablauf eines moderierten Teamgesprächs wird in einem Ablaufplan (Dramaturgie) festgehalten. Dieser wird so aufgebaut, dass sich die Gruppe schrittweise an die Lösung herantasten kann. Von den Zielen ausgehend werden die Ablaufphasen festgelegt und die geeigneten Methoden ausgewählt.

TIPP

Planen Sie rechtzeitig, wie Sie das Gespräch strukturieren wollen. Überlegen Sie für jeden Arbeitsschritt, welche Methoden eingesetzt werden, und schätzen Sie den Zeitbedarf ein. Visualisieren Sie den Ablaufplan.

Die Einladung sollte schriftlich erfolgen und alle Informationen enthalten, die für eine gute Vorbereitung erforderlich sind. Eine aussagekräftige Einladung, die den Teilnehmern rechtzeitig zugesandt wird, kann vertrauensbildend wirken.

Checkliste: Vorbereitung einer Teammoderation

Fragen zur Klärung der Zielsetzung

- Wie lautet das Thema?
- Worum geht es? Was soll mit der Moderation erreicht werden?
- Wie soll das Ergebnis der Arbeitssitzung aussehen? Ist das zu erreichende Ziel nachprüfbar?
- Was ist bisher bereits geschehen? Wurde an dem Thema bereits gearbeitet? Wenn ja, von wem und mit welchem Ergebnis?
- Lässt sich das Problem überhaupt durch ein moderiertes Teamgespräch lösen?
- Ist das zu erreichende Ziel realistisch?

Fragen zum Entwurf eines Ablaufplans

- Wie soll die Sitzung strukturiert werden?
- Wie sieht der voraussichtliche Zeitplan aus?
- Wie soll die Sitzung eröffnet werden?
- Wie soll in das Problem eingeführt werden?
- Wie (ausführlich) müssen Anlass und Hintergrund dargestellt werden?
- Wie werden den Teilnehmern das Ziel oder die verschiedenen Teilziele dargestellt?
- Muss den Teilnehmern die Moderationsmethode vorgestellt werden und wenn ja, wie?
- Welche Arbeitsschritte werden unterschieden?
- Welche Methoden/Techniken werden bei den einzelnen Arbeitsschritten eingesetzt?
- Wie soll das Ergebnis aussehen (z. B. ein Maßnahmenplan)?
- Wie viel Zeit ist für die Erreichung des Zieles erforderlich?
- Wie sollen die Ergebnisse gesichert werden?

Mögliche Inhalte einer Tagesordnung

- Anlass der Veranstaltung
- Thema und Ziel der Veranstaltung
- aktueller Problemstand, der bei den Teilnehmern vorausgesetzt wird
- Hinweis auf notwendige vorbereitende Aktivitäten der Teilnehmer
- Zeitpunkt und Zeitrahmen
- Veranstaltungsort (Anschrift, Raumnummer, eventuell Lageplan)
- Teilnehmerliste
- Initiator/Einladender
- Informationen zum äußeren Rahmen der Veranstaltungen

4.3.4 Die Rahmenbedingungen müssen stimmen

Der Erfolg eines moderierten Teamgesprächs hängt auch von den Rahmenbedingungen ab. Dazu zählen der Zeitpunkt und die Dauer, Ort und Raum sowie die Raumausstattung und die benötigten Medien.

Voraussetzung für eine optimale Gruppenarbeit sind eine ausreichende Raumgröße, flexible Bestuhlung, Bewegungsfreiheit sowie ein rascher Wechsel zwischen Plenum und Kleingruppe. Der Raum muss die Möglichkeit bieten, die Gesamtgruppe so in Teilgruppen aufteilen zu können, dass auch diese ungestört arbeiten können. Faustregel: Der Raum sollte so groß sein, dass mindestens 5 m^2 pro Teilnehmer zur Verfügung stehen. Im vorgesehenen Raum müssen ausreichend Moderationsmaterialien verfügbar sein.

4.4 Durchführung einer Teammoderation

Wie jede andere Besprechung kann auch das moderierte Teamgespräch in eine Einführungs-, Arbeits- und eine Abschlussphase gegliedert werden.

Einführungsphase

In der Einführungsphase wird eine Beziehung zur Gruppe hergestellt und die richtige Atmosphäre für die weitere Arbeit geschaffen. Außerdem muss die weitere Vorgehensweise mit den Teilnehmern abgestimmt werden.

TIPP

Planen Sie für diese Phase genügend Zeit ein. Die spätere Sacharbeit wird nur erfolgreich sein, wenn eine stabile Beziehungsebene existiert. Fehlt dieser Schritt, werden die Teilnehmer ihn später nachholen.

Die Begrüßung kann kurz und sachlich gehalten werden. Wenn die Themen und Ziele bereits feststehen, werden sie vom Moderator nochmals genannt, um die Gedanken der Teilnehmer darauf einzustimmen. Bei regelmäßig wiederkehrenden Teamgesprächen kann es notwendig werden, dass sich die Gruppe zunächst über die zu behandelnden Themen verständigt und eine Tagesordnung erstellt.

Falls die Teilnehmer keine Erfahrungen mit der Moderationsmethode haben, muss diese kurz vorgestellt werden. Dabei kann der Moderator auch auf seine eigene Rolle, insbesondere auf seine Neutralität in Sachfragen eingehen. Spätere Missverständnisse werden verhindert, wenn die Teilnehmer über die Aufgaben des Moderators Bescheid wissen.

Soweit erforderlich, werden auch organisatorische Regeln (Zeitplan, Pausen, Ende der Veranstaltung) geklärt. Durch die Bekanntgabe der Dramaturgie erhalten die Teilnehmer die Möglichkeit, sich auf die verschiedenen Arbeitsschritte einzustellen.

4.4.1 Spielregeln

Am Beginn einer Sitzung sollten einige Spielregeln für den Umgang miteinander vereinbart werden. Dabei kann entweder der Moderator Vorschläge machen und die Gruppe um Zustimmung bitten oder das Team erarbeitet die Regeln gemeinsam. Wenn sich die Gruppe auf einige Regeln verständigt hat, werden diese sofort eingeführt und für die Dauer der Sitzung im Arbeitsraum visualisiert. Folgende Regeln werden in der Praxis besonders häufig vereinbart.

4.4.2 Störungen haben Vorrang

Um eine dauerhafte Beeinträchtigung der Sitzung zu verhindern, sollten Störungen (Ärger, Vorbehalte, Uneinigkeit, Hunger, Müdigkeit usw.) immer sofort behandelt werden. Nicht bearbeitete Störungen verhindern eine konstruktive Arbeit. Hinweise auf Störungen können vom Moderator und den Teilnehmer ausgehen.

Die Behandlung von Störungen kann folgendermaßen ablaufen:

- Die Störung wird benannt,
- es werden Vorschläge zur Beseitigung der Störung unterbreitet,
- die Gruppe stimmt einem Lösungsvorschlag zu.

BEISPIEL

Moderator: „Ich habe den Eindruck, dass wir alle eine kleine Pause nötig haben. Sind Sie damit einverstanden, dass wir für eine Viertelstunde unterbrechen?" Die Gruppe stimmt zu.

4.4.3 Ich statt man

Jeder Teilnehmer spricht nur für sich. Das erreichen Sie, wenn Sie Ich-Aussagen statt der unpersönlichen Man-Form verwenden. Wer in Man-Form spricht, versteckt sich hinter Verallgemeinerungen. Wer dagegen eine Ich-Aussage verwendet, steht zu seiner Aussage. Er übernimmt die Verantwortung dafür und die Aussage gewinnt an Authentizität.

BEISPIEL

Nicht: „Darüber sollte man abstimmen."
Sondern: „Ich bin der Meinung, darüber sollten wir abstimmen."

4.4.4 Sich kurz fassen

Wenn jeder Teilnehmer zu Wort kommen soll, müssen Wortbeiträge kurz gefasst werden. Das zwingt Prioritäten zu setzen. Es hat sich bewährt, bereits zu Beginn der Sitzung zu vereinbaren, dass kein Wortbeitrag länger als 30 Sekunden dauern darf (30-Sekunden-Regel).

TIPP

Um die Gruppe nicht zu überfordern, sollten die Spielregeln sich auf wenige, unverzichtbar erscheinende Vorgaben beschränken. Weitere Regeln können bei Bedarf ergänzend eingeführt werden.

4.4.5 Erarbeiten einer Tagesordnung

In vielen Besprechungen sind die „heißen Eisen" unter dem nichts sagenden Tagesordnungspunkt „Verschiedenes" versteckt. Das hat den Nachteil, dass die Teilnehmer sich nicht auf diese Punkte vorbereiten können. Auch wenn eine Tagesordnung bereits vorliegt, ist nicht auszuschließen, dass die Teilnehmer in die Sitzung „aktuelle Probleme" mitbringen. In solchen Fällen muss die Tagesordnung ergänzt werden.

Dafür bereitet der Moderator eine Pinnwand vor, auf welcher die schon feststehenden Tagesordnungspunkte bereits aufgenommen sind. Vorschläge der Teilnehmer werden ergänzend aufgenommen. In einer Kurzdiskussion verständigen sich die Teilnehmer auf die für die einzelnen Punkte voraussichtlich benötigte Zeit. Die Behandlungsreihenfolge kann in mündlicher Abstimmung oder durch Punktbewertung festgelegt werden.

4.4.6 Arbeitsphase

In der Arbeitsphase wird das Problem entsprechend dem zuvor vereinbarten Ablaufplan bearbeitet. Eine bewährte Gliederung unterscheidet fünf Stufen, die je nach Thema mehrmals durchlaufen werden.

- Themen sammeln
- Themen ordnen und bewerten
- Problembearbeitung
- Sichten und Bewerten der Ergebnisse
- Planen von Aktivitäten

4.4.7 Themen sammeln und ordnen

Bei diesem Arbeitsschritt verschaffen sich der Moderator und die Teammitglieder einen Überblick, welche Probleme bearbeitet werden sollen. Das geschieht mit einer visualisierten Einstiegsfrage, die von den Teilnehmern durch eine Kartenabfrage beantwortet wird. Alle beschriebenen Karten werden vom Moderator eingesammelt und nach zusammengehörenden Themengruppen geordnet. Jede Themengruppe erhält einen Oberbegriff und wird in eine Themenliste übertragen.

! **ACHTUNG**

Achten Sie darauf, dass alle Karten verwendet werden, auch wenn manche Karten mit identischen oder mit sehr ähnlichen Begriffen beschrieben sind.

4.4.8 Themen bewerten (auswählen)

In nächsten Schritt müssen Prioritäten gesetzt werden, wie es weitergeht. Die Gruppe entscheidet, welche Themengruppen weiter bearbeitet werden und in welcher Reihenfolge dies geschehen soll. Dazu formuliert der Moderator eine für alle Teilnehmer verständliche Bewertungsfrage, die von den Teilnehmern durch eine Punktbewertung (Mehrpunktabfrage) beantwortet wird.

4.4.9 Problembearbeitung

In dieser Stufe beginnt die eigentliche Arbeit am Problem. Die Themen werden gemäß der zuvor festgelegten Reihenfolge bearbeitet. Die Teilnehmer setzen sich intensiv mit den Problemen auseinander. Dabei hat sich ein Wechsel zwischen Plenum und Kleingruppenarbeit bewährt.

Der Moderator bestimmt die Dauer der Kleingruppenarbeit und formuliert eine eindeutige Arbeitsfrage. Die Gruppenarbeit dauert je nach Schwierigkeitsgrad des Themas 30 bis 60 Minuten. Während der Themenbearbeitung bleibt die Kleingruppe sich selbst überlassen. Der Moderator greift allenfalls zur Zeitsteuerung ein oder gibt methodische Ratschläge, wenn die Gruppe das wünscht.

4.4.10 Sichten und Bewerten der Ergebnisse

Nach Abschluss der Gruppenarbeit werden die Ergebnisse jeder Kleingruppe im Plenum präsentiert. Fünf Minuten sollten für die Präsentation ausreichen. Das Plenum nimmt Stellung. Die Zuhörer im Plenum schreiben Gedanken und Anregungen während der Präsentation auf Kärtchen, die ebenfalls angeheftet werden. Dabei gilt es, Widersprüche und Gemeinsamkeiten deutlich werden zu lassen und zu prüfen, wie weit das Thema unter einer neuen Fragestellung vertiefend bearbeitet werden kann. Je nach Komplexität des Themas und je nach Ziel kann nun auf höherem Niveau eine weitere Phase der Gruppenarbeit folgen.

4.4.11 Planen von Aktivitäten/Maßnahmenplan

Im letzten Schritt erstellt die Gesamtgruppe einen Maßnahmenplan. Der Moderator achtet darauf, dass alle beschlossenen Maßnahmen eindeutig formuliert werden und umsetzbar sind. Das Plakat für den Maßnahmenplan kann schon vor Sitzungsbeginn vorbereitet werden, so dass auch Maßnahmen, die bereits vor Abschluss der Arbeitsphase beschlossen werden, sofort übernommen werden können.

Abschlussphase

Am Ende der Gesamtmoderation wird noch einmal kurz der Gesamtverlauf der Moderation den Teilnehmern gegenüber dargestellt. Diese Abschlusspräsentation sollte höchstens fünf bis acht Minuten dauern. Als Moderator sind Sie auch für die Dokumentation der erarbeiteten Ergebnisse verantwortlich. Das geschieht neben dem Maßnahmenplan durch ein Protokoll.

4.4.12 Feedback

In einem abschließenden Feedback sollten die Teammitglieder noch einmal die Gelegenheit erhalten, sich zu äußern, wie der Verlauf und das Klima der Sitzung erlebt wurden, ob die Erwartungen erfüllt wurden und wie zufrieden die Teilnehmer mit den erreichten Ergebnissen sind.

TIPP

Nutzen Sie die Chance einer gemeinsamen Auswertung. Ein solches Feedback ist ein Instrument, das der ständigen Weiterentwicklung der Kommunikationskultur und der Zusammenarbeit im Team dient.

5 Ziele vereinbaren

Nachdem wir das Ziel aus den Augen verloren hatten, verdoppelten wir unsere Anstrengungen. (Mark Twain)

Wenn Du nicht weißt, wohin Du willst, ist jeder Weg, den Du einschlägst, der richtige. (Aus dem Koran)

5.1 Führen mit Zielvereinbarungen

Die Aussage der beiden vorstehenden Zitate ist unumstritten: Ein an Zielen und Planungen orientiertes Handeln ist effektiver und führt schneller zum Ergebnis als ein Handeln „auf gut Glück". Nur wer weiß, wohin er will, kann zwischen den vielen möglichen Wegen den jeweils besten auswählen. Trotzdem wird diese Erkenntnis in der Praxis häufig vernachlässigt, denn das Planen und Vereinbaren von Zielen kostet zunächst einmal Zeit. Wer aber durch das Tagesgeschäft schon voll ausgelastet ist und Prioritäten setzen muss, tut dies oft zu Lasten des Planens. Die Zielvereinbarung ist ein Instrument des Management-by-objectives. Sie trägt zur Verbesserung der Kommunikation bei, da die gegenseitigen Erwartungen zwischen dem Vorgesetzten und seinen Mitarbeitern klar definiert sind.

Durch eine Zielvereinbarung stimmt der Vorgesetzte mit seinem Mitarbeiter ab, welche operativen Ziele dieser im Rahmen seiner Tätigkeit erreichen soll.

Planung und Zielvereinbarung sind für die Zusammenarbeit zwischen Vorgesetzten und Mitarbeitern von besonderer Bedeutung. Wo zusammen gearbeitet wird, geht es auch um Erwartungen an den anderen. Zielvereinbarungen helfen, über diese Erwartungen zu sprechen und sie gegenseitig zu verstehen.

BEISPIEL

Nur wenn der Vertriebsmitarbeiter weiß, dass sein Vorgesetzter von ihm neben der Betreuung der Altkunden auch die Akquisition von Neukunden erwartet, wird er dies tun und daher zur Zufriedenheit seines Vorgesetzten handeln. Im Gegenzug muss der Vorgesetzte wissen, dass sein Vertriebsmitarbeiter von ihm regelmäßige Coachinggespräche wünscht. Wenn er dies weiß, wird er es tun und in den Augen seines Mitarbeiters ein guter Vorgesetzter sein.

Vor dem Hintergrund dieses Beispiels wird auch deutlich, warum Ziele vereinbart und nicht vorgegeben werden sollen. Je qualifizierter der Mitarbeiter ist, um so mehr sollte er am Zielvereinbarungsprozess beteiligt werden. Seine Meinung, seine Marktkenntnis oder seine Erfahrungen in der jeweiligen Tätigkeit tragen dazu bei, die richtigen Ziele zu finden. Außerdem kann der Vorgesetzte in der Komplexität heutiger Arbeitswelten die Aufgabengebiete seiner Mitarbeiter häufig nicht mehr in allen Einzelheiten überblicken. Unterlässt er die Einbindung in den Zielfindungsprozess, wird dies den Mitarbeiter demotivieren, d. h. er wird sich nicht mit dem gewünschten Engagement für die Erreichung des Zieles einsetzen.

TIPP

Die Zeit, die Sie sich nehmen, um mit Ihren Mitarbeitern Ziele zu vereinbaren, ist keine „bürokratische Übung" oder vertane Zeit. Diese Zeit ist gut investiert, denn nur wer die Richtung kennt, kann sein Handeln darauf ausrichten.

Wer klare Ziele hat, wird alle zur Verfügung stehende Energie und Kraft zielgerichtet und damit effizient einsetzen. In der Hektik des Tagesgeschäftes helfen Ziele, Prioritäten zu setzen. Nutzlose Aktivitäten werden vermieden.

Ziele sind darüber hinaus der Maßstab, mit dem Sie die Leistungen Ihrer Mitarbeiter messen können. Wenn der Mitarbeiter weiß, was von ihm erwartet wird und mit welchem Maßstab seine Leistung gemessen wird, dann kann er sich und seine Leistung bereits eigenständig einschätzen und kontinuierlich verbessern. Durch diese Transparenz und Operationalisierung von Leistungen werden diese gesteigert.

Letztlich haben Ziele eine Orientierungsfunktion. Sie vermitteln dem Mitarbeiter, in welcher Weise er mit der Erreichung seiner Ziele an dem Unternehmenserfolg mitarbeitet. Zielvereinbarungen gehören somit neben der Mitarbeiterbeurteilung und dem Mitarbeitergespräch zum unerlässlichen Instrumentarium einer erfolgreichen Führungskraft.

Zielvereinbarungen gehen weiter als Anweisungen und Aufträge

Echte Zielvereinbarungen beschreiben einen gewünschten Endzustand. Der Weg, um diesen zu erreichen, ist dabei offen. Erst dadurch entsteht der Handlungsspielraum und damit die Herausforderung, die insbesondere qualifizierte Mitarbeiter suchen.

Gelegentlich stehen in Zielvereinbarungen Formulierungen wie z. B. „Quartalsweise Erstellung der Statistik ... für die Geschäftsleitung“. Solche Formulierungen sind keine Zielvereinbarungen, sondern reine Tätigkeitsbeschreibungen. Um Zielvereinbarungen korrekt zu formulieren, ist die Unterscheidung zwischen einer Anweisung, einem Auftrag und echter Delegation hilfreich. *Nur bei der Delegation führt der Vorgesetzte seine Mitarbeiter mittels Zielvereinbarung.* Die beiden anderen Instrumente heißen Anweisung und Auftrag und sind Instrumente zur Zielerreichung.

Bei der *Anweisung* legt der Vorgesetzte das Ziel und den Weg dorthin fest. Der Mitarbeiter hat nur wenige Möglichkeiten, seine Arbeit selbst zu gestalten. Um mit Anweisungen zu führen, muss der Vorgesetzte das Aufgabengebiet des Mitarbeiters sehr gut kennen. Nur so kann er einschätzen, ob das Ziel auf dem von ihm vorgegebenen Weg auch erreicht werden kann. Aufgrund der zunehmenden Komplexität von Arbeits- und Aufgabenbereichen kann ein Vorgesetzter dies heute kaum noch leisten, insbesondere mit Blick auf die vielen Spezialaufgaben, die von den Mitarbeitern erbracht werden. Dies trifft umso mehr zu, je größer die Anzahl der einem Vorgesetzten zugeordneten Mitarbeiter ist. Führung durch Anweisung sollte daher immer die Ausnahme sein; sie ist nur sinnvoll, wenn der Reifegrad des Mitarbeiters sehr gering ist.

BEISPIEL

Der Vorgesetzte bittet seine Sekretärin, um 19.00 Uhr im Restaurant „Zum Anker“ einen Tisch für sieben Personen zu bestellen.

Beim Auftrag sind lediglich die Ziele vorgegeben, über den Weg dorthin entscheidet der Mitarbeiter selbst. So nutzt der Vorgesetzte die Sach- und Fachkenntnis des Mitarbeiters, bleibt selbst Koordinator, der das Gesamtziel im Auge behält. Führung durch Auftrag ermöglicht dem Mitarbeiter einen größeren Gestaltungsspielraum als bei der Anweisung. In kooperativ geführten Unternehmen wird sehr häufig mit Aufträgen geführt; allerdings wird diese Führung häufig mit der Delegation verwechselt.

BEISPIEL

Der Vorgesetzte überträgt seinem Mitarbeiter die Aufgabe, mit der Werbeagentur „Future“ eine Anzeigenkonzeption auszuarbeiten und diese beim Quartalstreffen der Geschäftsleitung zu präsentieren.

Bei der Delegation werden dem Mitarbeiter mit dem Auftrag gleichzeitig die dazugehörigen Befugnisse und Verantwortlichkeiten übertragen. Erst durch diese beiden Komponenten wird aus dem Auftrag eine echte Delegation. Eine korrekte Zielvereinbarung beinhaltet immer das Delegationsprinzip.

BEISPIEL

- **Der Vorgesetzte vereinbart mit seinem Mitarbeiter, dass dieser zukünftig die Leitung der Kantine einschließlich Budgetverantwortung übernimmt.**
- **Vorgesetzter und Mitarbeiter vereinbaren, dass die Kosten je Arbeitsplatz bis Mitte nächsten Jahres bei gleichbleibender Leistung um mindestens 10 % gesenkt werden.**

Vorteile des Führens durch Zielvereinbarungen

Das Führen durch Zielvereinbarung bringt für alle Beteiligten — Unternehmen als Ganzes, Führungskräfte und Mitarbeiter — zahlreiche Vorteile mit sich.

Vorteile für das Unternehmen:

- Zwang zur Entwicklung einer strategischen Unternehmensplanung (strategische Ziele), die von allen getragen wird;
- größere Sicherheit hinsichtlich künftiger Entwicklungen;
- Engpässe werden rechtzeitig (frühzeitig) erkannt;
- gezielte Auswahl der notwendigen Mittel zur Erreichung der Unternehmensziele;
- Aufbau einer einheitlichen Führungskultur (wenn sich alle Führungskräfte mit dem Konzept identifizieren);
- Freisetzung kreativer Kräfte durch Beteiligung der Mitarbeiter am Zielfindungsprozess;
- Konzentration auf Aufgaben mit hoher Priorität.

Vorteile für die Führungskräfte:

- Klarheit über die (vorrangigen) Unternehmensziele;
- Einsicht in die Zusammenhänge von Unternehmens-, Bereichs- und Abteilungszielen;
- bessere Abstimmung mit anderen Bereichen;
- Verhinderung eines (schädlichen) Übermaßes an Improvisation;
- Einschränkung von improvisationsbedingten Reibungsverlusten;
- mehr Verantwortung durch Beteiligung an unternehmerischen Grundsatzentscheidungen;
- Befreiung von Routineaufgaben durch Delegation auf nachfolgende Einheiten (Mitarbeiter);
- die „Kontrolle" reduziert sich auf eine Überprüfung der Zielerreichung und Abweichungsanalysen;
- Maßstab für eine objektive Kontrolle der Leistungen der Mitarbeiter anhand der Zielvorgaben;
- sachliche Lösung von Konflikten durch Orientierung an gemeinsam übergeordneten Zielen.

Vorteile für die Mitarbeiter:

- Kenntnis (und Verständnis) der Unternehmensziele;
- Einsatz des vorhandenen kreativen Potenzials bei der Zielvereinbarung;
- größere Zufriedenheit und höhere Motivation durch Beteiligung am Zielfindungsprozess;
- Aufwertung des Mitarbeiters, dadurch mehr Verantwortung und Verantwortungsbereitschaft;
- durch Mitwirkung bei der Zielvereinbarung geringere Gefahr der Überforderung;
- Maßstab zur Einschätzung der eigenen Leistungsfähigkeit;
- Kontrollen auf dem Weg zum Ziel können eigenverantwortlich durchgeführt werden;
- weniger improvisationsbedingte Reibungsverluste;
- größerer Freiheitsgrad bei der Aufgabendurchführung; unabhängige Organisation (Zeit, Mittel) der eigenen Aufgaben;
- Erfolgserlebnisse, wenn die Ziele erreicht werden.

Bei so vielen Vorteilen dürfen einige mögliche Schwierigkeiten nicht verschwiegen werden. Als ein Vorteil auf Mitarbeiterseite wurden mögliche Erfolgserlebnisse beim Erreichen der vereinbarten Ziele genannt. Dem steht die Gefahr des Misserfolgs gegenüber. Das kann dazu führen, dass manche Mitarbeiter sich überhaupt gegen eine Festlegung von Zielen wehren. Hier liegt es an den Führungskräften, solche Bedenken auszuräumen und die Mitarbeiter in Gesprächen von den Vorteilen der Zielvereinbarung zu überzeugen. Außerdem muss bei den Vorgesetzten die Bereitschaft vorhanden sein, rechtzeitig geänderte Ziele zu vereinbaren, wenn die Gründe für das Nicht-Erreichen vereinbarter Ziele außerhalb der Verantwortung des Mitarbeiters liegen.

Zielvereinbarungen sorgen für mehr Transparenz, wodurch Schwachstellen bei der bisherigen Aufgabendurchführung aufgedeckt werden. Liebgewonnene Tabus (Lieblingsaufgaben, eine uneffiziente Methode, bestimmte Gewohnheiten, zurückgehaltene Informationen u. a. m.) müssen aufgegeben werden. Außerdem führt jede Umstellung zunächst zu einer vorübergehenden Verunsicherung. Auch hier liegt es an den Führungskräften, durch rechtzeitige Aufklärung solche Bedenken auszuräumen.

5.2 Ausgangspunkt sind die Unternehmensziele

Im Rahmen der Unternehmensführung werden auf allen Ebenen Ziele gebildet. Demgemäß beginnt der Prozess der Zielfindung bei der Unternehmensleitung. Führungskräfte, die mit Zielvereinbarungen arbeiten, sollten zunächst wissen, welche Ziele vom Unternehmen insgesamt verfolgt werden. Darüber müssen sie auch ihre Mitarbeiter informieren. Dabei geht es nicht um die in den Unternehmen vielfach anzutreffenden Hochglanzbroschüren, deren Aussagen sich im Arbeitsalltag kaum wiederfinden lassen. Diese werden von den Mitarbeitern in aller Regel auch als hochtrabend und praxisfern abgelehnt.

Vielmehr geht es darum, den Mitarbeitern in ehrlicher Form zu vermitteln,

- wofür sie arbeiten (Selektionsfunktion),
- welchen Weg das Unternehmen einschlägt (Orientierungsfunktion),
- warum sie sich engagieren und einsetzen sollen (Motivationsfunktion),
- woran sie gemessen werden (Kontrollfunktion).

BEISPIEL

Die Dental AG will im Bereich von Zahnarztstühlen innerhalb von drei Jahren deutscher Marktführer sein.

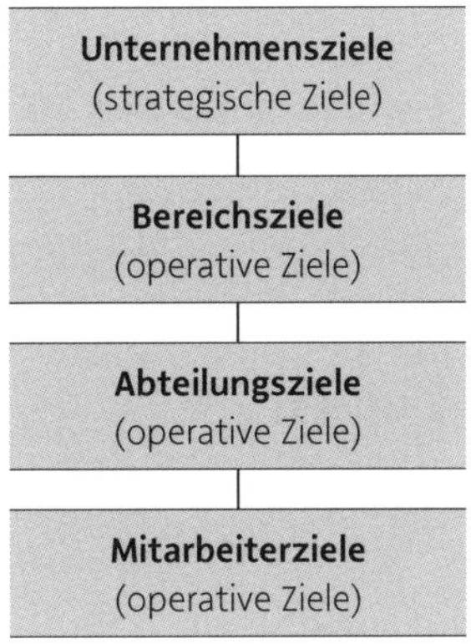

An den übergeordneten Unternehmenszielen (Visionen und Strategien) orientieren sich die Ziele der einzelnen Mitarbeiter. Sie entstehen,

- weil man zukünftige Entwicklungen vorhersieht und darauf reagieren will,
- weil Probleme identifiziert worden sind und gelöst werden müssen oder
- durch die kritische Überprüfung bereits bestehender Ziele.

In diesem Kontext agieren die Führungskräfte als eine Art Übersetzer, d. h. aus den übergeordneten (strategischen) Unternehmenszielen werden die operativen Ziele für die verschiedenen Bereiche und Abteilungen abgeleitet und daraus wiederum die individuellen Ziele der einzelnen Mitarbeiter. Es ist Aufgabe des Vorgesetzten, den Zusammenhang zwischen den Unternehmens- und Ressortzielen und den Zielen des einzelnen Mitarbeiters aufzuzeigen. Nur wenn der Mitarbeiter weiß, wofür er arbeitet, wird er sich engagieren.

BEISPIEL

In fast allen Unternehmensleitlinien steht heute das Ziel, die Kundenzufriedenheit zu steigern. Nur wenige Mitarbeiter werden in der Lage sein, dieses globale Ziel in operative Ziele für ihre eigene Arbeit umzusetzen.
Dies ist die Aufgabe des Vorgesetzten. Im Gespräch mit dem einzelnen Mitarbeiter könnte er verdeutlichen und vereinbaren, dass

- jeder Kunde mindestens einmal pro Monat besucht wird,
- jede Kundenanfrage innerhalb von einer Woche beantwortet wird,
- die Fehlerrate um ... % reduziert wird,

die Erreichbarkeit für die Kunden auf 7.00–22.00 Uhr ausgeweitet wird.

! WICHTIG

Berücksichtigen Sie unbedingt, dass Mitarbeiter sich nur dann wirklich engagieren, wenn sie wissen, wofür sie dies tun.

5.3 Arten von Zielen

Quantitative und qualitative Ziele

In den Vertriebsabteilungen sind Zielvereinbarungen schon seit längerem nichts Besonderes mehr. Das liegt sicherlich daran, dass die Steigerung von Umsatz und Rentabilität immer zu den Zielen eines Unternehmens zählt. Außerdem ist diese Zielvorgabe relativ einfach aufzustellen und zu kontrollieren.

Wer an Zielvereinbarungen denkt, denkt damit relativ schnell an die *quantitativen Ziele*.

▶ BEISPIEL

- **Steigerung des Umsatzes um 5 % innerhalb der nächsten zwölf Monate.**
- **Einhaltung eines bestimmten Budgets.**

Schwieriger wird es mit allen Zielen, die sich nicht unmittelbar an Zahlen orientieren. Diese *qualitativen Ziele* müssen durch Ersatzmaßstäbe quantifizierbar gemacht werden.

▶ BEISPIEL

- **Das Ziel „Steigerung der Kundenzufriedenheit" aus dem oben stehenden Beispiel wurde durch die Maßstäbe Anzahl der Kundenbesuche, Bearbeitungsfrist für Kundenanfragen usw. konkretisiert.**
- **Das Führungskonzept „Zielvereinbarungen" ist bis spätestens Mitte nächsten Jahres eingeführt (zeitlicher Maßstab).**

Standardziele, Problemlösungsziele und Innovationsziele

Nach dem Inhalt der angestrebten Ergebnisse können bei den Sachzielen folgende Zielkategorien unterschieden werden:

Standard- oder Routineziele legen die Ergebnisse der regelmäßigen Aufgabenerfüllung fest. Sie wiederholen sich in jedem Zielvereinbarungszyklus. Sie werden unterteilt in

- Standardziele bei den zu erreichenden quantitativen und qualitativen Arbeitsergebnissen und
- Standardziele hinsichtlich des Verhaltens, z. B. Regeln im Umgang miteinander, Konfliktverhalten, Betriebsklima.

TIPP

Achten Sie bei der regelmäßigen Zielvereinbarung darauf, dass Sie als eines der Ziele die Erfüllung der operativen Aufgaben des Tagesgeschäfts mit ausreichendem Gewicht berücksichtigen.

Ein *Problemlösungsziel* legt das Ergebnis eines Problemlösungsprozesses fest. Ein Problem ist eine Abweichung vom Normalfall. Etwas ist nicht so, wie es ein soll; Ziel ist die Beseitigung des Problems.

BEISPIEL

- **Eine hohe Ausschussquote in einer bestimmten Produktionslinie kann das Problem sein. Das Problemlösungsziel könnte hier lauten: Senkung der Ausschussquote von derzeit 7 % auf höchstens 5 % bis spätestens Mitte nächsten Jahres.**
- **Andere Ansatzpunkte für Problemlösungsziele könnten der Abbau von Reklamationen, die Erhöhung der Kundenzufriedenheit oder die Senkung des Krankenstandes sein.**

Innovative (kreative) Ziele beziehen sich auf die Ergebnisse von neuen Vorhaben, die aus dem Rahmen des bisherigen Erfahrungsbereichs fallen. Sie sollen den Mitarbeiter veranlassen, selbst kreativ zu denken und zu handeln. Wegen ihres hohen Anspruchniveaus erfordern sie besondere Anstrengungen und außergewöhnliche Aktivitäten.

BEISPIEL

- Einführung des Konzepts „Führen durch Zielvereinbarungen" bis Ende des Jahres
- Entwicklung eines Projektplans zur Einführung von SAP HR bis Ende April nächsten Jahres

Persönliche Entwicklungsziele

Bei den bisher genannten Zielarten handelt es sich um Ziele des Unternehmens. Daneben verfolgt jeder, der in der Organisation mitarbeitet, auch persönliche Ziele. So kann es den Mitarbeitern darum gehen,

- interessante und innovative Aufgaben zu übernehmen, um sich weiterzuentwickeln,
- die Arbeit so zu verrichten, dass auf die eigene Gesundheit Rücksicht genommen werden kann,
- sich fachlich auf dem laufenden zu halten oder
- mehr Geld zu verdienen.

Hinzu kommen die Ziele, die Sie als Führungskraft selbst verfolgen. Die möglicherweise ganz unterschiedlichen Interessen müssen bei der Zielvereinbarung derart in Einklang gebracht werden, dass jeder etwas davon hat. Es darf nicht vorkommen, dass einer der Beteiligten als Verlierer aus dem Zielvereinbarungsprozess hervorgeht, während die anderen nur gewonnen haben. Diese Interessensabwägung macht Kompromisse unerlässlich.

BEISPIEL

Ein Unternehmer entscheidet sich, die Mitarbeiter stärker zu qualifizieren. Das Ziel des Mitarbeiters im Lager ist jedoch, mehr Geld zu verdienen. Ein Kompromiss könnte wie folgt lauten:

- Der Lagermitarbeiter erwirbt die Qualifikation, um zum eigenen Aufgabenbereich noch ein oder zwei Aufgabenkomplexe von Kollegen übernehmen zu können.
- Für jeden zusätzlichen Aufgabenbereich, in dem er eingesetzt werden kann, erhält er eine Sonderzulage.

Auf diese Weise kann der Mitarbeiter ein höheres Gehalt realisieren und das Unternehmen erhält eine höhere Flexibilität bei der Besetzung der Arbeitsplätze in Notsituationen.

Oftmals beschweren sich Mitarbeiter, dass sie nur für die Ziele des Vorgesetzten arbeiten sollen, damit dieser seine Erfolgsprämie ausbezahlt bekommt, ein höheres Gehalt erhält oder sogar befördert wird. In solchen Situationen steht häufig der kurzfristige Erfolg im Vordergrund und eine langfristige, an den Zielen des Unternehmens ausgerichtete Entwicklung findet nicht statt.

TIPP

Achten Sie darauf, dass es nicht zu Konflikten kommt zwischen den Zielen des Unternehmens, Ihren eigenen Entwicklungszielen und den persönlichen Zielen des Mitarbeiters. Dem Mitarbeiter werden die Unternehmensziele immer wichtiger sein als die Ziele, die Sie als Vorgesetzter persönlich verfolgen.

Mitarbeiter haben ein sehr gutes Gespür dafür, ob sie für die Ziele des Unternehmens arbeiten oder vom Vorgesetzten nur für dessen persönliche Zwecke eingesetzt werden. Wenn Sie das Gefühl haben, Ihre Mitarbeiter denken in dieser Weise, dann sprechen Sie dies offen an und räumen Sie das Missverständnis aus der Welt.

Bei den persönlichen Entwicklungszielen kann, ähnlich wie bei den Sachzielen, nochmals nach der Ausgangssituation unterschieden werden.

Erhaltensziele beziehen sich auf Mitarbeiter, die eine ordentliche Leistung im Unternehmen erbringen. Obwohl es sich dabei nicht um eine besondere (herausragende) Leistung handelt, ist diese Leistung für das Unternehmen wichtig, da sie seine Basis sichert. Gemeint ist ein Spezialwissen, viel Erfahrung oder die Kenntnis über langjährige Entwicklungen im Unternehmen. Auch wenn diese Mitarbeiter keinen weiteren Schritt mehr auf der „Karriereleiter“ tun werden, gilt es, sie unbedingt zu halten und zu motivieren. „Machen Sie so weiter, wie gehabt“, reicht dazu nicht aus. Sprechen Sie mit diesen Mitarbeitern darüber, was sie heute gut machen und was sie tun können, um dieses auch noch in der Zukunft gut zu machen. So erhalten Sie auch für diese Mitarbeiter motivierende Ziele. Mit Erhaltenszielen tragen Sie dazu bei, dass die Qualifikationen Ihrer Mitarbeiter nicht veralten.

BEISPIEL

Hat eine Sekretärin den Wechsel von der Schreibmaschine auf den Computer lernen müssen, so wird sie zukünftig auch mit dem Internet umgehen müssen. Vor dem Hintergrund der Qualifikationserhaltung sind Erhaltensziele von besonderer Bedeutung.

Veränderungsziele müssen Sie mit Ihren Mitarbeitern immer dann vereinbaren, wenn etwas nicht gut läuft. Sagen Sie nicht nur, dass die Leistung verbessert werden muss. Legen Sie konkret fest, wie Sie sich die Leistungsverbesserung vorstellen. Analysieren Sie gemeinsam mit dem Mitarbeiter, woher die Fehler kommen und suchen Sie nach Lösungsmöglichkeiten.

BEISPIELE

- **Lampenfieber in einer Präsentation,**
- **kein Abschluss beim Verkaufsgespräch,**
- **viele Fehler in der Korrespondenz.**

Auch bei der persönlichen Entwicklung kann es zu Innovationen kommen. *Innovationsziele* beinhalten, dass Mitarbeiter etwas tun sollen, was sie bisher noch nicht getan haben. Innovationsziele verursachen viel Arbeit und erfordern oftmals Änderungen von Gewohnheiten. Pro Zielvereinbarungszyklus sollte daher nicht mehr als ein Innovationsziel vereinbart werden, damit sich der Mitarbeiter voll auf dessen Erreichung konzentrieren kann.

BEISPIELE

- **Übernahme von Mitarbeiterverantwortung,**
- **Führen von Bewerbergesprächen.**

5.4 Mitarbeitertypen und Reifegrad

Wenn es um die Motivation zur Leistungserbringung geht, können grundsätzlich zwei Extreme unterschieden werden:

- die Hoffnung (und Überzeugung) auf das Erreichen des Zieles und den damit verbundenen Erfolg und
- die Furcht vor dem Nichterreichen und dem damit verbundenen Misserfolg.

Je nach Persönlichkeit orientieren sich Menschen an einem dieser beiden Pole.

Diejenigen, die sich eher am Erfolg orientieren, verfügen über genügend Selbstvertrauen und schätzen ihre eigenen Fähigkeiten sehr realistisch ein. Sie setzen sich i. d. R. herausfordernde, aber realistische Ziele. Um diese zu erreichen, müssen sie sich anstrengen, unvorhergesehene Situationen meistern, neue Wege einschlagen, Entscheidungen treffen. Wer sich realistische Ziele gesetzt hat, wird diese auch erreichen und somit Erfolg haben. Weil es sich um herausfordernde Ziele handelt, haben diese Mitarbeiter bei der Zielerreichung viel hinzugelernt. Beides zusammen bestätigt sie und verstärkt das Selbstvertrauen. Selbst einzelne Rückschläge werden mit diesem Selbstvertrauen positiv als Erfahrung „verbucht". So entsteht insgesamt ein positiver Regelkreis.

TIPP

Achten Sie bei erfolgsorientierten, aber noch unerfahrenen Mitarbeitern darauf, dass sie sich nicht überschätzen. Mehrere zu hoch gesteckte Ziele, beispielsweise zu Beginn der Berufstätigkeit, können zu Resignation führen und aus erfolgsorientierten Menschen misserfolgsvermeidende Mitarbeiter machen.

Menschen mit einer negativen Grundeinstellung achten eher darauf, Misserfolge zu vermeiden. Für diese Art von Mitarbeitern müssen Sie sich mehr Zeit nehmen. Vereinbaren Sie zunächst nur einfache Ziele und passen Sie diese nur in kleinen Schritten einem höheren Niveau an. Helfen Sie solchen Mitarbeitern bei der Zielerreichung. Nach einiger Zeit und ersten kleinen Erfolgserlebnissen werden auch diese Mitarbeiter erste Zuversicht in ihr Können finden und sich zunehmend höhere Ziele setzen.

Nicht jeder Mitarbeiter ist für die Führung durch Zielvereinbarung geeignet. Eine wichtige Voraussetzung ist der notwendige *Reifegrad* des Mitarbeiters. Dieser zunächst etwas theoretisch klingende Begriff wird deutlich am Modell der situativen Führung nach Hersey & Blanchard. Dieses Modell betrachtet einerseits den Reifegrad eines Mitarbeiters, andererseits die Aufgaben- und Mitarbeiterorientierung des Vorgesetzten.

Die Grundidee des Modells besagt, dass es in Bezug aufeinen Mitarbeiter nicht einen einzigen, richtigen Führungsstil gibt. Da der Reifegrad eines Mitarbeiters je nach Aufgabenstellung variieren kann, muss auch der Vorgesetzte seinen Führungsstil in entsprechender Weise anpassen.

BEISPIEL

Ein Mitarbeiter ist bereits „sehr reif" bei der Durchführung von Kundenbesuchen. In der Durchführung von Präsentationen ist er jedoch noch sehr ungeübt und daher eher „unreif".

Je reifer ein Mitarbeiter in der jeweiligen Situation ist, desto geringer sollte die Aufgabenorientierung des Vorgesetzten sein (Erläuterung und Anleitung, wie die jeweilige Aufgabe zu erfüllen ist; Kontrolle von Zwischenergebnissen). Vielmehr sollte der Schwerpunkt auf der Mitarbeiterorientierung liegen, d. h. im Loben und Anerkennen von Leistungen und Ergebnissen im Sinne eines Feedbacks.

„Unreife" Mitarbeiter werden kaum in der Lage sein, aus ihrem Arbeitsbereich und den übergeordneten Anforderungen gute Ziele abzuleiten. Eine solche Aufgabenstellung würde sie eher verunsichern. In dieser Situation werden Ziele oder Anforderungskriterien eher vorgegeben werden. Der Vorgesetzte hat dabei darauf zu achten, dass diese für den Mitarbeiter auch erreichbar sind. Durch Anleitung, Strukturierung und regelmäßige Kontrolle stellt der Vorgesetzte die Zielerreichung sicher. Alles andere würde zu Demotivation führen. Die Beratung und Hilfestellung durch den Vorgesetzten trägt dazu bei, das jeweilige Ziel zu erreichen und der Mitarbeiter gewinnt zunehmend an Reife, die nächsten Ziele mit mehr Selbständigkeit zu bewältigen.

Bei sehr reifen Mitarbeitern übergibt der Vorgesetzte die Aufgabenstellung im Sinne einer echten Delegation, wie sie oben beschrieben worden ist. Der Mitarbeiter arbeitet die Aufgabenstellung selbständig ab und informiert den Vorgesetzten lediglich über die Zielerreichung. Beratung und Hilfestellung durch den Vorgesetzten würden den sehr reifen Mitarbeiter demotivieren, da dies in seinen Augen einer Bevormundung gleich käme.

Bei einem Mitarbeiter mit einem Reifegrad zwischen diesen beiden Extrempolen wird der Vorgesetzte diesen bei der Planung der Zielerreichung zunehmend einbeziehen, ihn Zwischenlösungen selbst erarbeiten lassen, diese regelmäßig mit ihm durchsprechen. So erreicht der Mitarbeiter das Ziel relativ selbständig, wird von seinem Vorgesetzten dabei jedoch unterstützt.

Der Reifegrad eines Mitarbeiters in Bezug aufeine bestimmte Aufgabenstellung ist nicht statisch. Im Zeitablauf erwirbt er Wissen und Erfahrung hinzu und wird zunehmend reifer. Diese Entwicklung muss der Vorgesetzte berücksichtigen und unterstützen.

5.5 Kriterien für eine Zielvereinbarung

Die Formulierung von Zielvereinbarungen ist nicht einfach. Oft handelt es sich in der Praxis um reine Tätigkeitsbeschreibungen, wie sie bereits in Stellenbeschreibungen enthalten sind. *Bei der Vereinbarung von Zielen geht es aber nicht in erster Linie darum, was ein Mitarbeiter zu tun hat, sondern welches Ergebnis er erreichen soll.* Demnach geben Ziele an, was am Ende einer vereinbarten Zeitspanne erreicht sein soll. Sie sind also eindeutig definierte Endpunkte einer gewollten und planbaren Entwicklung.

Checkliste: Kriterien für eine Zielvereinbarung

- Ziele müssen bedeutungsvoll und herausfordernd, aber erreichbar und realistisch sein
- Ziele müssen präzise formuliert sein
- Ziele müssen messbar sein
- Ziele müssen widerspruchsfrei sein
- Ziele müssen sich auf das Wesentliche konzentrieren
- Zielvereinbarungen verlangen nach Konstanz
- Bindung der Mitarbeiter an die vereinbarten Ziele
- Der Geltungsbereich vereinbarter Ziele muss klar abgegrenzt sein
- Durch Zwischenziele wird die Zielerreichung erleichtert
- Die schriftliche Vereinbarung fördert die Zielverbindlichkeit
- Die Zielerreichung sollte von anderen Bereichen weitgehend unabhängig sein
- Bei Arbeitsgruppen können Teamziele vereinbart werden

Gut formulierte Zielvereinbarungen beschreiben einen zu einem bestimmten Zeitpunkt zu erreichenden Endzustand, der dem Mitarbeiter ausreichend Gestaltungsspielraum auf dem Weg dorthin einräumt.

Über diese grundsätzlichen Anforderungen an eine Zielvereinbarung hinaus sind weitere Kriterien zu beachten.

Ziele müssen bedeutungsvoll und herausfordernd, aber erreichbar sein

Zielvereinbarungen sollen dazu beitragen, den Mitarbeiter und sein Aufgabengebiet im Sinne des Unternehmenszieles weiterzuentwickeln. Selbstverständlichkeiten, wie z. B. das pünktliche Erscheinen am Arbeitsplatz, gehören daher nicht in die Zielvereinbarung.

Wer sich nicht anstrengen muss, um das gesteckte Ziel zu erreichen, für den wird die Zielerreichung kein Erfolgserlebnis sein. Ein bisschen Anstrengung muss eine gute Zielvereinbarung also schon enthalten, um das Gefühl zu haben, etwas Besonderes geleistet, hinzugelernt und wertvolle neue Erfahrungen gesammelt zu haben.

Auf der anderen Seite darf die Messlatte nicht so hoch angelegt sein, dass der Mitarbeiter von Beginn an zweifelt, diese überhaupt erreichen zu können. Weil ihm die Aufgabenstellung als zu schwierig erscheint, wird er sie immer vor sich herschieben oder sie nur halbherzig beginnen.

Es ist die Aufgabe des Vorgesetzten, den Mitarbeiter und seinen Reifegrad unter Beachtung der konkreten Aufgabenstellung zu beurteilen und das richtige Maß zu finden.

TIPP

Bleiben Sie realistisch; unterscheiden Sie zwischen dem, was wünschenswert ist und dem, was in einem angemessenen Zeitraum und mit angemessenem Aufwand erreicht werden kann.

Planen Sie genügend Zeit ein. Ein Mitarbeiter, der mit seinen Routineaufgaben schon überlastet ist, hat keine Zeit, herausfordernde Ziele zu erreichen. Streichen Sie ggf. unwichtigere Routineaufgaben. Gewähren Sie Ihrem Mitarbeiter mehr als die zunächst veranschlagte Zeit, wenn unvorhergesehene Ereignisse dies notwendig machen und der Mitarbeiter dies auch sachlich begründen kann.

Überprüfen Sie die Ziele Ihrer Mitarbeiter regelmäßig auf *Aktualität* und *Erreichbarkeit*. Passen Sie die Ziele an, wenn diese nicht mehr gegeben sind.

BEISPIEL

Ein Vertriebsmitarbeiter soll mit einem bestimmten Produkt einen Umsatz von zwei Millionen € erzielen. Aufgrund von gravierenden Mängeln wird das Produkt vom Markt genommen. Der Vorgesetzte muss dann die Zielvorgabe ändern oder streichen.

5.5.1 Ziele müssen präzise formuliert sein

Formulieren Sie das erwartete Ziel eindeutig, vermeiden Sie ungenaue und schwammige Ausdrücke, wie z. B. „Versuchen Sie Ihr Bestes."

Vermeiden Sie auch Wörter wie sollte, könnte, müsste und formulieren Sie in der Gegenwartsform.

BEISPIEL

- Nach einer Einarbeitungszeit von drei Monaten bedient der Mitarbeiter das Zeiterfassungssystem eigenständig.
- Jeweils zu 95 % kann der Mitarbeiter ohne fremde Hilfe Anfragen von anderen Mitarbeitern beantworten bzw. Korrekturbuchungen durchführen.
- Die Fehlerquote liegt unter 5 %.

5.5.2 Ziele müssen messbar sein

Der Mitarbeiter muss zum einen genau wissen, was ein Ziel beinhaltet, und er muss sich zum anderen darüber bewusst sein, anhand welcher Kriterien die Zielerreichung gemessen wird. Nach Art des Zielinhalts können quantitative und qualitative Ziele unterschieden werden, die bis zu einem bestimmten Zeitpunkt erreicht werden müssen.

Quantitative Ziele können durch Kennzahlen und absolute Werte gemessen und bewertet werden.

BEISPIEL

- Die Fluktuationsquote sinkt auf maximal 5 % bis Ende nächsten Jahres.
- Das Personalkostenbudget (Gehälter, Reise, Fortbildung) der Abteilung überschreitet im Planungszeitraum den genehmigten Betrag von x € nicht.

Etwas schwieriger ist die Formulierung qualitativer Ziele. Legen Sie hierfür beschreibende Kriterien fest, anhand derer Sie gemeinsam mit dem Mitarbeiter die Zielerreichung überprüfen. Maßstäbe für die Zielerreichung können beispielsweise sein:

- Qualität,
- Einhaltung von Terminen,
- Häufigkeit von Rücksprachen,
- Rückmeldungen von Kunden,
- beobachtbare Veränderungen, wie weit ein angestrebter Zustand erreicht ist.

BEISPIEL

Für die Einarbeitung in das Erstellen, Interpretieren und Präsentieren von Statistiken könnten die beschreibenden Kriterien wie folgt lauten:

- der Mitarbeiter beschafft sich eigenständig die notwendigen Daten und Fakten und bereitet diese auf,
- er bespricht seine Interpretation mit dem Vorgesetzten und stimmt diese mit ihm ab,
- danach bereitet er die Präsentation der wichtigsten Statistiken für die Geschäftsleitung vor.

TIPP

Ermöglichen Sie, dass der Mitarbeiter den Grad der Zielerreichung zu jeder Zeit auch selbst überprüfen kann. Stellen Sie ihm dafür die notwendigen Informationen in einer Form zur Verfügung, dass er eigenständig darauf zugreifen kann, ohne Sie fragen zu müssen. Durch diese Möglichkeit zur Selbstkontrolle entwickeln Sie ihn in seiner Reife.

5.5.3 Ziele müssen widerspruchsfrei sein

Sobald alle Ziele für den Mitarbeiter feststehen, überprüfen Sie, ob diese zueinander in Widerspruch stehen. Wenn Sie diese Überprüfung unterlassen oder sogar einen entsprechenden Hinweis Ihres Mitarbeiters ignorieren („Sie werden das schon schaffen."), dann führt dies zu Demotivation.

BEISPIEL

Der Verkäufer soll sich einerseits mehr Zeit in den Kundengesprächen nehmen, andererseits aber weitere Kunden zu seinem Kundenstamm hinzugewinnen.

Wenn es dagegen Widersprüche gibt und Sie keine Möglichkeit für eine Änderung haben, dann sprechen Sie dies offen mit dem Mitarbeiter an und vereinbaren Sie Prioritäten. So geben Sie ihm zumindest eine Orientierungshilfe.

Überprüfen Sie auch, ob die Ziele Ihres Bereiches nicht zu Lasten anderer Bereiche gehen.

5.5.4 Konzentrieren Sie Zielvereinbarungen auf das Wesentliche

Weniger ist mehr, dies gilt auch für Zielvereinbarungen. Wer zuviel auf einmal erreichen will, läuft Gefahr, gar nichts zu erreichen. Konzentrieren Sie sich auf das Wesentliche; bewährt haben sich drei bis fünf Ziele pro Zielvereinbarungszyklus.

5.5.5 Zielvereinbarungen verlangen Konstanz

Grundsätzlich sollen sich Ziele an einer mittel- bis langfristigen Unternehmensausrichtung orientieren. Überprüfen Sie die Ziele Ihrer Mitarbeiter dahingehend, dass sie logisch aufeinander aufbauen, miteinander verknüpft sind und mit der angestrebten Unternehmensentwicklung einhergehen. Diese Konstanz benötigt der Mitarbeiter als Orientierungshilfe; sie gewährt ihm außerdem die notwendige Zeit, Erfahrung und Routine zu erwerben, um das Ziel zu erreichen.

Wechseln Sie die Zielrichtungen nicht sprunghaft. Kein Mitarbeiter versteht, warum das Unternehmen beispielsweise heute auf Billigprodukte setzt und in sechs Monaten die Qualität steigern will. Mehrfache Wechsel dieser Art prägen beim Mitarbeiter die Einstellung, dass seine Anstrengungen sowieso zu nichts führen.

Dennoch kann in bestimmten Situationen auch einmal ein Wechsel erforderlich sein, z. B. als Reaktion auf neue Entwicklungen am Markt. Ein solcher Wechsel muss schnell erfolgen, damit die Mitarbeiter nicht noch monatelang an überholten Zielvorgaben arbeiten. Den Mitarbeitern müssen die Hintergründe für diesen Wechsel erklärt werden.

Bedenken Sie also: Die Zeiten sind zwar schnelllebig, aber die Rahmenbedingungen ändern sich nicht von einem auf den anderen Tag. Menschen benötigen ein Mindestmaß an Orientierung.

5.5.6 Zielbindung

Ziele werden vereinbart, nicht vorgegeben. *Stellen Sie sicher, dass sich die Mitarbeiter den Zielen verpflichtet fühlen.* Beteiligen Sie die Mitarbeiter an der Zielfindung und -vereinbarung. Zielvereinbarungsgespräche dürfen keine Alibigespräche sein. Die Mitarbeiter kennen ihren Aufgabenbereich am besten und können daher wertvolle Informationen beitragen. Indem Sie Ihre Mitarbeiter über die übergeordneten Ziele informieren, können sie diese ebenfalls einbeziehen. Ziele, an denen man mitgearbeitet hat, motivieren stärker als solche, die gesetzt wurden. Berücksichtigen Sie bei der Einbindung der Mitarbeiter aber unbedingt deren Reifegrad. Je intensiver die Zielbindung, umso größer ist die Chance, dass die Mitarbeiter bei Schwierigkeiten und Problemen nicht sofort aufgeben.

5.5.7 Geltungsbereich

Legen Sie den Geltungsbereich der Ziele bzw. die Kompetenzen des Mitarbeiters eindeutig fest.

▶ **BEISPIEL**

Mit einem Mitarbeiter wird vereinbart, dass er als Projektleiter eingesetzt wird, wobei ihm ein Budget von € 200.000 zur Verfügung steht, über das er eigenständig verfügen kann. Die Einhaltung des Budgets wird neben dem Projektergebnis als Maßstab für die Zielerreichung herangezogen.

5.5.8 Zwischenziele

Vereinbaren Sie Zwischenziele, um die Zielerreichung im Auge zu behalten. Berücksichtigen Sie dabei wiederum den Reifegrad Ihrer Mitarbeiter. Unreife Mitarbeiter benötigen eine Reihe von Zwischenzielen, reife Mitarbeiter wenige bis gar keine.

5.5.9 Schriftlichkeit

Halten Sie die Zielvereinbarungen schriftlich fest. Alles, was aufgeschrieben wird, ist besser durchdacht, als wenn es nur gedanklich abgehandelt wird. Schriftlichkeit fördert darüber hinaus die Verbindlichkeit, d. h., der Mitarbeiter wird sich der Zielerreichung stärker verbunden fühlen.

Letztlich dient Ihnen die schriftliche Zielvereinbarung als Arbeitsgrundlage für das Leistungsmanagement Ihres Mitarbeiters. Ein Formularbeispiel findet sich am Ende des Kapitels.

5.5.10 Unabhängigkeit

Berücksichtigen Sie, dass der Mitarbeiter bei der Zielerreichung nicht zu sehr von anderen Mitarbeitern oder sogar von Ihnen selbst abhängen darf. Einerseits macht dies die Zielerreichung für ihn schwieriger und andererseits hat er schnell eine Entschuldigung, wenn ein Ziel nicht erreicht wurde.

Dieser Grundsatz gilt nicht für Führungskräfte. Denn zu ihrer Kernaufgabe gehört ja gerade, dass sie mit der Hilfe von anderen Menschen Ziele erreichen.

5.5.11 Teamziele

Bei Arbeitsgruppen können auch Teamziele vereinbart werden, die von mehreren Mitarbeitern gemeinsam erreicht werden müssen. Teamziele fördern die Zusammenarbeit und erzeugen Verständnis für die Arbeit anderer Mitarbeiter.

5.6 Zielvereinbarungsgespräch und Kontrolle

Die endgültige Zielvereinbarung erfolgt im Rahmen eines Mitarbeitergesprächs. Dieses kann entweder nur die Vereinbarung von Zielen umfassen oder als Jahresmitarbeitergespräch auch die Beurteilung und weitere Förderung des Mitarbeiters einbeziehen. Leitfäden für beide Gesprächsanlässe wurden bereits im Kapitel „Mitarbeitergespräche“. Auf das Zielvereinbarungsgespräch müssen sich der Vorgesetzte und der Mitarbeiter ausreichend vorbereiten.

TIPP

Informieren Sie die jeweiligen Mitarbeiter rechtzeitig über den Gesprächstermin. Fordern Sie ihn auf, sich hinsichtlich der künftigen Ziele seines Verantwortungsbereichs Gedanken zu machen. Unterstützen Sie ggf. die Vorbereitung durch die nachfolgende Checkliste.

In der folgenden Checkliste sind die wichtigsten Vorüberlegungen des Vorgesetzten und des Mitarbeiters für ein Zielvereinbarungsgespräch zusammengefasst. Weitere Einzelheiten zur Vorbereitung von Mitarbeitergesprächen sind in Kapitel 2.4 dargestellt.

Checkliste: Vorbereitung auf das Zielvereinbarungsgespräch
Vorgesetzter ▪ Informationen über die mittelfristigen (strategischen) Ziele des Unternehmens
▪ künftige Ausrichtung des eigenen Bereichs/der eigenen Abteilung
▪ Einbettung des eigenen Bereichs in die Unternehmensstrategie
▪ aus den Bereichszielen abgeleitete Schwerpunktaufgaben des Mitarbeiters
▪ interne und abteilungsübergreifende Zusammenarbeit
▪ zu beachtende Rahmenbedingungen
▪ ggf. notwendige Qualifizierungsmaßnahmen
▪ Mitarbeiter
▪ Welche Schwerpunktaufgaben in der Abteilung sieht der Mitarbeiter?
▪ Vorschläge zur künftigen Übernahme neuer oder anderer Aufgaben
▪ mittelfristige Ziele
▪ erforderliche Mittel zur Zielerreichung
▪ ggf. notwendige Qualifizierungsmaßnahmen
▪ persönliche Entwicklungsziele

Das Arbeiten mit Zielvereinbarungen wird erst dann erfolgreich sein, wenn das Erreichen der Ziele auch überprüft wird. Je reifer der Mitarbeiter ist, umso weniger werden vom Vorgesetzten Zwischenergebnisse überprüft. Die Kontrolle besteht weitgehend aus Selbst- und Ergebniskontrolle. Dies bedeutet, dass reife Mitarbeiter den Fortschritt selbst kontrollieren und dass allein das Ergebnis vom Vorgesetzten kontrolliert wird.

Je unreifer ein Mitarbeiter ist, umso mehr Zwischenkontrollen sollte der Vorgesetzte durchführen, damit der Mitarbeiter nicht den falschen Weg einschlägt und die Zielerreichung dadurch schon an einem frühen Zeitpunkt scheitert. Die Kontrolle wird eher als Fremd- und Ablaufkontrolle erfolgen, also durch den Vorgesetzten, der sich die einzelnen Schritte des Mitarbeiters auf dem Weg zur Zielerreichung detailliert anschaut.

TIPP

Führen Sie die Mitarbeiter mit zunehmender Reife schrittweise an mehr Selbst- und Ergebniskontrolle heran. Dies gehört zu Ihren Entwicklungsaufgaben.

Berücksichtigen Sie, dass es den meisten Mitarbeitern nicht ausreicht, das Ziel erreicht zu haben. Sie benötigen auch die Anerkennung durch den Vorgesetzten, dass sie das Ziel erreicht haben. Ihr Lob ist an dieser Stelle besonders wichtig.

Wenn Ziele nicht erreicht wurden, dann prüfen Sie,

- warum die Ziele nicht erreicht worden sind,
- welche äußeren Faktoren die Zielerreichung verhindert haben,
- welche Faktoren seitens des Mitarbeiters die Zielerreichung verhindert haben,
- was hätte getan werden müssen,
- was jetzt noch getan werden kann (Ersatzziele, korrigierte Ziele, andere Terminierung).

5.7 Verknüpfung mit anderen Bereichen des Personalmanagements

In den Ausführungen zum Jahresmitarbeitergespräch (vgl. Kapitel 3.5) wurde bereits deutlich, dass wesentliche Bereiche der Personalführung miteinander zusammenhängen. Zielvereinbarungen bilden eine ideale Grundlage für die *Mitarbeiterbeurteilung*. Das Maß der Zielerreichung fließt als Bewertungskomponente in die Beurteilung ein. Soweit Leistungsdefizite vorliegen, können geeignete Bildungsmaßnahmen vereinbart werden. Die künftigen Maßnahmen der *Personalentwicklung* (Förderung) können auf die neu vereinbarten Ziele und Aufgaben abgestimmt werden. Schließlich kann auch die *Entgeltfindung* mit der Zielvereinbarung (und Beurteilung) gekoppelt werden, wenn der Grad der Zielerreichung als Grundlage für Leistungsprämien herangezogen wird.

5.8 Zielvereinbarungsprozess

Den Ausgangspunkt aller Zielvereinbarungen bilden die (strategischen) Unternehmensziele, an denen sich alle nachfolgenden Ziele orientieren. Ein Teil der Führungskräfte wird an der Festlegung und Formulierung der Unternehmensziele beteiligt sein; alle anderen müssen sich darüber informieren. Der Vorgesetzte informiert seine Mitarbeiter über die strategischen Unternehmensziele. Gleichzeitig fordert er die Mitarbeiter auf, ihre Sichtweise der zu erreichenden Ziele zu formulieren. Er selbst formuliert ebenfalls seine Vorstellungen. Im Zielvereinbarungsgespräch wird zunächst die Zielerreichung (Aufgabenerfüllung) im abgelaufenen Zyklus besprochen und analysiert. Erkennen Sie die Erfolge des Mitarbeiters an und besprechen Sie Verbesserungsmöglichkeiten. Danach werden die sich aus der Diskussion ergebenden operativen Ziele endgültig vereinbart und schriftlich fixiert. Darüber hinaus werden Kontrollzeitpunkte festgelegt, um die Zielerreichung sicherzustellen, die Aktualität der Ziele zu überprüfen und ggf. anzupassen.

1. Start und Terminierung des Zielvereinbarungsprozesses auf Unternehmensebene
2. Festlegen der Unternehmensziele für die nächste Periode
3. Vorgesetzte informieren sich selbst und die Mitarbeiter über die Unternehmensziele
4. Auffordern der Mitarbeiter, eigene Ziele zu überlegen
5. Sich selbst vorbereiten, welche Ziele mit den Mitarbeitern vereinbart werden sollen und welche Prioritäten vorliegen
6. Zielerreichung/Abweichungsanalyse im abgelaufenen Zeitraum
7. Im Gespräch mit dem Mitarbeiter zunächst alle Ziele sammeln

8. Unterschiedliche Sichtweisen identifizieren, nach Gründen suchen und Kompromisse vereinbaren

9. Wichtigste Ziele vereinbaren und Prioritäten setzen

10. Reife des Mitarbeiters berücksichtigen und Ziele entsprechend formulieren

11. Beurteilungsmaßstab und Art der Kontrolle klären

12. Rahmenbedingungen klären, damit die vereinbarten Ziele erreicht werden können

13. Entscheidungsspielraum des Mitarbeiters klären

14. Zielvereinbarung schriftlich fixieren

15. Kontrolle (Soll-Ist-Vergleich) der Zielerreichung

5.9 Formularbeispiele

An anderer Stelle wurde bereits darauf hingewiesen, dass nur durch eine schriftliche Vereinbarung der Ziele die notwendige Verbindlichkeit erreicht wird. Nachfolgend finden Sie zwei Formularbeispiele zur Zielvereinbarung und zur Kontrolle der Zielerreichung. Das Formular Zielerreichung kann vom Mitarbeiter auch als Vorbereitungsblatt verwendet werden, wenn es ihm mit der Einladung zum Zielvereinbarungsgespräch zugesandt wird. Je nach Vereinbarung wird es zum Gespräch mitgebracht oder einige Tage vorher dem Vorgesetzten übergeben.

Formular: Zielvereinbarungen

Mitarbeiter: .... Pers.-Nr: ....

Vorgesetzter: .... Bereich: ....

Periode: .... Gesprächsdatum: ....

Vereinbarte Ziele/Aufgabenschwerpunkte mit Maßnahmen zur Realisierung (nach Prioritäten geordnet):	Termin/Messgröße:
(1)	
(2)	
(3)	
(4)	
(5)	
(6)	

....

(Vorgesetzter) (Mitarbeiter)

Formular: Zielerreichung/Aufgabenerfüllung

Mitarbeiter:	Pers.-Nr: ....
Vorgesetzter:	Bereich: ....
Periode:	Gesprächsdatum: ....
Ziele: Grad der Zielerreichung	Erläuterung der Einflussfaktoren
(1)	
(2)	
(3)	
(4)	
(5)	
(6)	

Diese Blatt ist von Mitarbeitern ins Gespräch mitzubringen.

6 Mitarbeiter beurteilen

Menschen beurteilen einander in vielen Situationen. Bereits in der Schule werden Leistungen bewertet, ebenso beim Sport oder beim Einkauf im Supermarkt. In jedem Gespräch beurteilen wir täglich bewusst oder unbewusst das, was andere gesagt oder wie sie sich verhalten haben. Auch uns selbst beurteilen wir regelmäßig. Für jeden Vorgesetzten ist die Beurteilung der Fähigkeiten seiner Mitarbeiter, der erbrachten Arbeitsleistungen oder der Art und Weise, wie sich ein Mitarbeiter in die Betriebsgemeinschaft einfügt, eine Daueraufgabe.

6.1 Was bedeutet Mitarbeiterbeurteilung?

Die systematische Mitarbeiterbeurteilung ist ein formalisiertes und standardisiertes Verfahren, durch das die Vorgesetzten veranlasst werden, ihre Mitarbeiter in regelmäßigen Zeitabständen unter Berücksichtigung bestimmter Kriterien zu beurteilen.

Richtig eingesetzt, wird die Mitarbeiterbeurteilung zur wichtigsten Informationsgrundlage für eine qualifizierte Analyse des vorhandenen Mitarbeiterpotenzials. Sie liefert einen umfassenden Überblick über die fachlichen Kenntnisse und persönlichen Fähigkeiten des Mitarbeiters, um zu überprüfen, ob die Mitarbeiter den Anforderungen ihrer Arbeitsplätze entsprechen.

! **WICHTIG**

Die Mitarbeiterbeurteilung stellt für den Vorgesetzten eine wichtige Orientierungshilfe bei der Mitarbeiterführung dar; für die Mitarbeiter kann sie Antrieb zur Motivation und Leistungssteigerung sein. Allerdings birgt sie auch Risiken. Fehlerhaft eingesetzt oder von den Mitarbeitern falsch verstanden, kann sie zu Frustration und Leistungsabbau führen und damit dem Unternehmen einen erheblichen Schaden zufügen.

Eine systematische Mitarbeiterbeurteilung führt an Stelle der subjektiven Einschätzung der Mitarbeiter durch ihre Vorgesetzten zu einer weitgehenden Objektivierung des Beurteilungsprozesses. Damit wird sie zu einer unerlässlichen Voraussetzung bei vielen personalpolitischen Maßnahmen.

Dimensionen der Mitarbeiterbeurteilung

In der betrieblichen Praxis tritt die Mitarbeiterbeurteilung in drei unterschiedlichen Dimensionen auf.

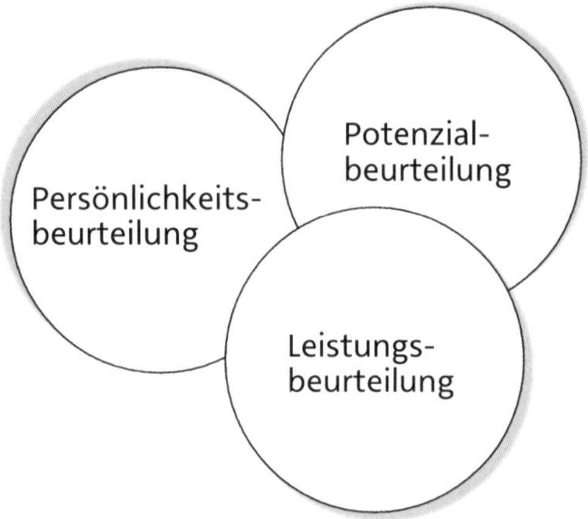

Abb. 6.1: Dimensionen der Beurteilung

Im Mittelpunkt der *Leistungsbeurteilung* steht *die in der Vergangenheit in einer bestimmten Periode erbrachte Leistung* eines Mitarbeiters (= Ist-Leistung). Dabei wird neben dem reinen Leistungsergebnis zusätzlich berücksichtigt, auf welche Art und Weise und mit welchem Verhalten dieses Ergebnis erreicht wurde. Diesen weiterführenden Aspekten liegt die Annahme zugrunde, dass sich das Verhalten eines Mitarbeiters nachhaltig auf das Leistungsergebnis auswirken kann. Voraussetzung für ein bestimmtes Leistungsverhalten und damit für das Leistungsergebnis eines Mitarbeiters sind seine Fähigkeit zur Leistung (Ausbildung, Erfahrung) und seine Bereitschaft zur Leistung (Prämiensystem als Leistungsanreiz).

Leistungsbeurteilungen werden in der Praxis häufig als Hilfsmittel einer „gerechten" Lohn- und Gehaltsfindung sowie zur Motivation und Förderung der Mitarbeiter eingesetzt.

Die *Potenzialbeurteilung* richtet sich auf die *Eignung eines Mitarbeiters für zukünftige Aufgaben und die Möglichkeiten seiner individuellen beruflichen Weiterentwicklung.* Sie ist zukunftsorientiert, d. h. auf der Basis der in der Vergangenheit erbrachten Leistungen wird eine Prognose über zukünftige Leistungen und Verhaltensweisen erstellt.

Potenzialbeurteilungen werden bei der innerbetrieblichen Besetzung vakanter Stellen, zur Nachwuchsplanung der Fach- und Führungskräfte, zur individuellen Laufbahnplanung sowie zur Bildungsbedarfsermittlung eingesetzt.

Zur Potenzialermittlung werden in der betrieblichen Praxis am häufigsten folgende Kriterien herangezogen:	
▪ Auffassungsgabe ▪ Belastbarkeit ▪ Durchsetzungsvermögen ▪ Initiative ▪ Kooperationsfähigkeit	▪ Lernfähigkeit ▪ Neigungen des Mitarbeiters ▪ Selbstständigkeit ▪ Unternehmerisches Denken und Handeln ▪ Urteilsfähigkeit

Tab. 6.1: Kriterien zur Potenzialermittlung

TIPP

Potenzial- und Leistungsbeurteilung werden in der Praxis häufig miteinander kombiniert. Dabei ist zu beachten, dass dauerhaft gute Leistungen in einem Arbeitsgebiet kein eindeutiges Indiz dafür sind, dass der Mitarbeiter sich für neue (andere) Aufgaben eignet. Achten Sie darauf, dass die Beurteiler bei der Vernetzung beider Systeme fähig sind, die Systeme gedanklich voneinander zu trennen.

Die *Persönlichkeitsbeurteilung* stellt auf die Bewertung der Persönlichkeit eines Mitarbeiters ab. Diese Form der Beurteilung findet in der Praxis wenig Anwendung, da ein ursächlicher Zusammenhang zwischen der Persönlichkeit eines Mitarbeiters und seiner Leistungserfüllung nicht nachgewiesen ist. Zusätzlich erfordert die Persönlichkeitsbeurteilung ein hohes Maß an psychologischen Fachkenntnissen.

In der gegenwärtigen Beurteilungspraxis dominieren die Leistungs- und Potenzialbeurteilung, entweder getrennt oder in Kombination miteinander. Beide Verfahren werden auch in den weiteren Ausführungen angesprochen.

Anstelle des Begriffs Mitarbeiterbeurteilung wird neuerdings auch häufig von Mitarbeitergespräch oder Entwicklungsgespräch gesprochen. Das hängt teilweise mit den negativen Assoziationen zusammen, die das Wort Beurteilung weckt; teilweise soll damit auch die zukunftsorientierte Bedeutung für die Mitarbeiter unterstrichen werden.

Wozu werden Mitarbeiterbeurteilungen durchgeführt?

Die Mitarbeiterbeurteilung ist ein unerlässlicher Bestandteil einer fortschrittlichen Personalführung. Sie liefert aussagekräftige und zuverlässige Informationen von der Einstellung über die Förderung und Entwicklung bis zur Freisetzung von Personal. Ihre Bedeutung spiegelt sich auch darin wider, dass sie in zunehmendem Maße in Tarifabkommen berücksichtigt wird (Chemie).

Die wichtigsten Aufgaben und ihre Zielsetzungen sind in der nachfolgenden Übersicht dargestellt.

Aufgaben		Zielsetzung
Instrument der Personalführung Gewinnen von Informationen ▪ Wie schätzt der Vorgesetzte seinen Mitarbeiter im Hinblick auf seine Leistung ein? ▪ Wo liegen die Stärken und Schwächen des Mitarbeiters? ▪ Aufzeigen von Verbesserungsmöglichkeiten	→	▪ Intensivierung der Kommunikation zwischen Vorgesetztem und Mitarbeiter ▪ Anerkennung der Leistung des Mitarbeiters ▪ Steigerung der Leistung des Mitarbeiters ▪ Verbesserung der Führungsqualität des Vorgesetzten
Instrument der Personaleinsatzplanung Gewinnen von fundierten Informationen über die bisherigen Leistungen der Mitarbeiter ▪ Übernahme von Mitarbeitern in ein unbefristetes Arbeitsverhältnis vor Ablauf der Probezeit ▪ Innerbetriebliche Versetzung ▪ Förderung von Mitarbeitern ▪ Bildung von Arbeitsgruppen/Projektteams ▪ Erstellung von Arbeitszeugnissen ▪ Freisetzung von Mitarbeitern	→	▪ Optimierung des Personaleinsatzes „Der richtige Mitarbeiter am richtigen Platz“ ▪ Kontrolle personalwirtschaftlicher Maßnahmen
Instrument zur Lohn- und Gehaltsfindung ▪ Förderung einer größeren Leistungsgerechtigkeit ▪ Schaffung monetärer Leistungsanreize	→	▪ Leistungsgerechte Vergütungssysteme für Mitarbeiter

Instrument der Personalentwicklung Gewinnen von fundierten Informationen über die bisherigen Leistungen der Mitarbeiter an ihrem derzeitigen Arbeitsplatz und über das Potenzial der Mitarbeiter, weitergehende Aufgaben zu übernehmen. ▪ Auswahl förderungswürdiger Mitarbeiter ▪ Festlegung des Bildungsbedarfs	→	▪ Motivation der Mitarbeiter durch Nutzung des vorhandenen Potenzials

Tab. 6.2: Übersicht: Aufgaben und Zielsetzungen

Die Mitarbeiter wollen primär Gerechtigkeit. Diesem Aspekt trägt die systematische Mitarbeiterbeurteilung Rechnung. Sie zielt auf die Gleichbehandlung aller Mitarbeiter im Unternehmen, in dem sie

- zum gleichen Zeitpunkt,
- nach gleichen Spielregeln,
- zum gleichen Zweck,
- mit gleichen Beurteilungskriterien,
- mit gleichen Bewertungsskalen,
- mit möglichst gleichen Bewertungsmaßstäben und
- mit möglichst gleichem Wissens- und Leistungsstand der Beurteiler

durchgeführt wird. Sie zwingt zur sachlichen und gewissenhaften Beurteilung der Fähigkeiten und Leistungen der Mitarbeiter.

Die Anwendung unterschiedlicher Beurteilungskriterien, Bewertungsskalen und -maßstäbe ließe zwar besser die individuellen Stärken und Schwächen der Mitarbeiter erkennen, erschwert aber das vorstehende Ziel einer einheitlichen Behandlung aller Mitarbeiter.

Die *Häufigkeit der Mitarbeiterbeurteilung* hängt von der jeweils verfolgten Zielsetzung ab. Im Allgemeinen wird zwischen periodisch bedingter und anlassbedingter Beurteilung unterschieden.

	Periodisch bedingte Mitarbeiterbeurteilung	Anlassbedingte Mitarbeiterbeurteilung
Charakteristik:	Die Mitarbeiterbeurteilung wird kontinuierlich und in regelmäßigen Zeitabständen (jährlich, zweijährlich) durchgeführt. Ihr liegt in der Regel ein einheitliches Beurteilungsverfahren zugrunde.	Die Mitarbeiterbeurteilung wird nur durchgeführt, wenn sie aus einem bestimmten Grund erforderlich ist. Eine Notwendigkeit zur Vereinheitlichung des Beurteilungsverfahrens besteht aufgrund der Vielzahl der Gründe nicht.
Anlässe:	▪ Gehaltsgespräch ▪ Entwicklungsgespräch ▪ Zielvereinbarungsgespräch ▪ Jahresgespräch	▪ Probezeitbeurteilung ▪ Beurteilung von Auszubildenden ▪ Versetzung/Beförderung ▪ Ausstellung eines Zwischenzeugnisses ▪ Entlassung (Arbeitszeugnis)

Tab. 6.3: **Übersicht: Periodisch bedingte und anlassbedingte Mitarbeiterbeurteilung**

In der betrieblichen Praxis werden mit der systematischen Mitarbeiterbeurteilung meist mehrere Zielsetzungen verfolgt. Die angewandte Methode gibt jedoch in der Regel Aufschluss darüber, welche der skizzierten Zielsetzungen im Vordergrund steht. Dennoch sind Überschneidungen möglich. Als Instrument der Personalentwicklung eingesetzt, können die gewonnenen Informationen gleichzeitig der Anlass für die Korrektur des Arbeitsentgelts sein oder Konsequenzen hinsichtlich einer Personaleinsatzentscheidung nach sich ziehen.

Je nach Zielsetzung werden die Anforderungen an ein Beurteilungssystem unterschiedlich sein. Besteht die Hauptzielsetzung in der leistungsabhängigen Lohn- und Gehaltsfindung, so werden die leistungsbezogenen Beurteilungskriterien in den Vordergrund rücken. Wird dagegen die Mitarbeiterförderung zum Gegenstand der Mitarbeiterbeurteilung, so werden die Anforderungen des gegenwärtigen Arbeitsplatzes sowie die Erwartungen an zukünftige Arbeitsaufgaben relevant.

Nutzen der Mitarbeiterbeurteilung

Die verfolgte Zielsetzung bestimmt auch den Nutzen für die Beteiligten. Richtig eingesetzt, nützt die Mitarbeiterbeurteilung Mitarbeitern, Vorgesetzten und Unternehmen gleichermaßen:

Nutzen der Mitarbeiterbeurteilung		
Mitarbeiter	Vorgesetzte	Unternehmen
▪ Feedback über die in der Beurteilungsperiode erbrachten Leistungen ▪ Informationen über die Erwartungen des Vorgesetzten ▪ Anerkennung der Leistung ▪ Fähigkeit zur besseren Selbsteinschätzung ▪ Steigerung der Selbstsicherheit und des Selbstvertrauens ▪ Informationen über Stärken und Schwächen ▪ Chance zur Verbesserung seiner Leistung ▪ Analyse der Gründe für die Nichterreichung bestimmter Zielsetzungen ▪ Hilfestellung zum Ausgleich festgestellter Mängel ▪ Motivation zu besseren Leistungen bzw. Verhaltensweisen ▪ Förderung durch gezielte Aus- und Weiterbildungsmaßnahmen	▪ Informationen über den Leistungsgrad seiner Abteilung ▪ Intensive Auseinandersetzung mit der Leistung und dem Verhalten seiner Mitarbeiter ▪ Kenntnis der Stärken und Schwächen einzelner Mitarbeiter ▪ Unterstützung der Mitarbeiter durch frühzeitige Einleitung von Korrekturmaßnahmen zur Leistungssteigerung ▪ Ermittlung der organisatorischen Schwachstellen ▪ Vermeidung von Konflikten ▪ Unterstützung bei der Bildungsbedarfsermittlung	▪ Informationen über den internen Arbeitsmarkt ▪ Umfassender Überblick über den Eignungs- und Leistungsgrad und die Einsatz- und Entwicklungsmöglichkeiten der Mitarbeiter ▪ Optimierung des Personaleinsatzes ▪ Entscheidungsgrundlage für eine gerechte Lohn- und Gehaltsfindung ▪ Gezielte Informationen über den Bildungsbedarf der Mitarbeiter, der einzuleitenden Bildungsmaßnahmen und ihrer Kontrolle ▪ Verbesserung des Betriebsklimas (Vertrauen, Offenheit) ▪ Entwicklung des Führungsstils hin zu einer einheitlichen Führungskultur

Tab. 6.4: Nutzen der Mitarbeiterbeurteilung

6.2 Träger der Mitarbeiterbeurteilung

Die Konzeption eines Beurteilungsverfahrens hängt entscheidend davon ab, wer die Beurteilung vornimmt. Den Personenkreis der Beurteiler und der Beurteilten bestimmen Sie je nach Zielsetzung und Gegenstand der Beurteilung.

Mitarbeiterbeurteilung		
Beurteiler	Beurteilter	Form der Beurteilung
Mitarbeiter(innen)	Vorgesetzte(r)	Vorgesetztenbeurteilung
Vorgesetzte(r)	Mitarbeiter(innen)	Abwärtsbeurteilung
Mitarbeiter(in)	Mitarbeiter(in)	Selbstbeurteilung
Kollege(in)	Kollegen(innen)	Kollegenbeurteilung

Tab. 6.5: Arten der Beurteilung

Grundsätzlich folgt aus den Zielvorstellungen, die mit der Mitarbeiterbeurteilung verbunden sind, dass sie für alle Mitarbeiter unabhängig von ihrer Funktion und hierarchischen Stellung im Unternehmen sinnvoll und möglich ist.

Beurteiler kann also sein:

- Vorgesetzter
- Mitarbeiter
- Kollege

Vorgesetzte beurteilen ihre Mitarbeiter

Die Mitarbeiterbeurteilung im klassischen Sinn ist die Beurteilung von Mitarbeitern durch ihre direkten Vorgesetzten. Nur der direkte Vorgesetzte kann ein zuverlässiges Urteil abgeben, wie ein Mitarbeiter seine ihm übertragenen Aufgaben erfüllt. Dem direkten Vorgesetzten sind sowohl die Aufgabeninhalte und Leistungsziele bekannt als auch die Art und Weise, wie die Mitarbeiter an die Aufgabenerfüllung herangehen und welche quantitativen und qualitativen Ergebnisse sie tatsächlich erreichen. Durch die Beurteilung sollen Aussagen über die Leistung eines Mitarbeiters an seinem Arbeitsplatz getroffen bzw. das Potenzial für die gegenwärtigen oder zukünftigen Aufgaben ermittelt werden.

In der Regel wird die Beurteilung durch den direkten Vorgesetzten dem nächst höheren Vorgesetzten vorgelegt. Dieser gewinnt einerseits einen Überblick über alle Beurteilungen in seinem Verantwortungsbereich und kann andererseits bei Meinungsverschiedenheiten zwischen dem Vorgesetzten und dem Mitarbeiter die Funktion des Vermittlers übernehmen. Außerdem ist er in der Lage zu prüfen, ob das Beurteilungsverfahren auf Seiten der direkten Vorgesetzten richtig angewendet wurde.

! **WICHTIG**

Diese Form der Beurteilung wird, bezogen auf die betriebliche Hierarchie, auch als Abwärtsbeurteilung bezeichnet. Sie dominiert in der betrieblichen Praxis und steht auch im Mittelpunkt dieser Ausführungen.

Mitarbeiter beurteilen ihren Vorgesetzten

Diese Vorgehensweise stellt die Umkehrung der traditionellen Form der Mitarbeiterbeurteilung dar; synonym wird daher häufig der Begriff Aufwärtsbeurteilung verwendet.

Die Vorgesetztenbeurteilung wird in der Regel in Form einer schriftlichen Umfrage durchgeführt. Die Mitarbeiter werden aufgefordert, die Führungseigenschaften und das Führungsverhalten ihres direkten Vorgesetzten anhand eines Standardfragebogens oder eines unternehmensspezifischen Beurteilungsbogens zu bewerten. Das Ergebnis der Vorgesetztenbeurteilung wird dem Beurteilten häufig in übersichtlicher Form als Profildarstellung, die auf Mittelwerten basiert, zur Verfügung gestellt (vgl. Abbildung).

Kriterium	Ausprägung				
Delegationsbereitschaft	❶	❷	❸	❹	❺
Förderung	❶	❷	❸	❹	❺
Information	❶	❷	❸	❹	❺
Kommunikation	❶	❷	❸	❹	❺
Konfliktbewältigung	❶	❷	❸	❹	❺
Motivation	❶	❷	❸	❹	❺
Problemlösungsfähigkeit	❶	❷	❸	❹	❺
Zusammenarbeit	❶	❷	❸	❹	❺
❶ = hervorragend, ❷ = sehr gut, ❸ = gut, ❹ = verbesserungsbedürftig, ❺ = unzureichend					

Tab. 6.6: Beurteilungsprofil

Als eigenständiges Instrument ist die Vorgesetztenbeurteilung in der betrieblichen Praxis bislang wenig verbreitet. In Betriebsklimaanalysen werden erste Ansätze dahingehend erkennbar, dass Kriterien zum Vorgesetztenverhalten (z. B. Verhältnis zum Vorgesetzten, Anerkennung durch den Vorgesetzten) abgefragt werden. Sie stellen jedoch hinsichtlich des Umfangs der Kriterien keinen gleichwertigen Ersatz für eine vollständige Vorgesetztenbeurteilung dar. In dieser Form kann sie lediglich als Vorstufe einer Vorgesetztenbeurteilung herangezogen werden, indem Ansatzpunkte vorhandener Schwachstellen im Führungsstil aufgezeigt werden.

Die folgende Gegenüberstellung zeigt, dass in der Praxis den Argumenten für eine Beurteilung der Vorgesetzten durch ihre Mitarbeiter eine Vielzahl von Einwänden entgegensteht. Diesen wird im Allgemeinen mehr Bedeutung beigemessen, als bei anderen Formen der Beurteilung. Es fragt sich allerdings, ob diese negativen Aspekte im Sinne einer fortschrittlichen Personalführung heute überhaupt noch zeitgemäß sind? Der Trend zum kooperativen Führungsstil, flache Hierarchien und Gruppenarbeit zielt letztendlich auf ein verändertes Verhalten von Vorgesetzten und Mitarbeitern und begünstigt damit die Durchführung der Vorgesetztenbeurteilung.

Pro und Contra Vorgesetztenbeurteilung	
Pro-Argumente	Contra-Argumente
▪ Frühwarnsystem für Führungsfehler ▪ Frühzeitige Kenntnis von Schwachstellen im Führungsverhalten ▪ Konkrete Ansatzpunkte für die Verhaltensänderung und gezielte Einleitung von Schulungsmaßnahmen ▪ Verbesserung der Führungsqualität des Vorgesetzten ▪ Verbesserung der Selbsteinschätzung der Vorgesetzten ▪ Verbesserung der Zusammenarbeit und Kommunikation zwischen Vorgesetzten und Mitarbeitern ▪ Informationen über den tatsächlich praktizierten Führungsstil im Unternehmen ▪ Mitarbeiter gestalten Führungsbeziehungen aktiv mit	▪ Unzureichende Akzeptanz durch die Vorgesetzten ▪ Angst vor negativen Konsequenzen in der beruflichen Weiterentwicklung auf Seiten der Vorgesetzten ▪ Annahme, dass die Mitarbeiter nicht die Bereitschaft und die Fähigkeit zur Durchführung der Beurteilung besitzen ▪ Fehler in der Anwendung durch Mitarbeiter ▪ Unstimmigkeit der Vorgesetztenbeurteilung mit den vorhandenen Organisationsstrukturen ▪ Fehlende Fähigkeit des Vorgesetzten, Kritik zu ertragen

Tab. 6.7: Pro und Contra Vorgesetztenbeurteilung

In den USA und mittlerweile auch in großen Unternehmen Deutschlands wird dies bereits erkannt. Die Vorgesetztenbeurteilung ergänzt in zunehmendem Maß das Standardinstrumentarium (klassische Beurteilung, Mitarbeitergespräch, Fördergespräch) des Unternehmens.

Eine Vorgesetztenbeurteilung wird nur dann erfolgreich sein, wenn die wesentlichen Voraussetzungen im Unternehmen erfüllt sind:

- offene Unternehmenskultur,
- regelmäßige Schulung der Beurteiler,
- Sicherung der Anonymität der Beurteiler,
- Rückmeldung des Ergebnisses an den Vorgesetzten,
- Einleitung von Folgemaßnahmen (z. B. Führungstraining, Coaching),
- Zielvereinbarung.

Kollegen beurteilen Kollegen

- auf das in der Vergangenheit erbrachte Leistungsergebnis und Leistungsverhalten beziehen und/oder
- auf die Prognose der Eignung für zukünftige Aufgabeninhalte abstellen.

Die Beurteilungen werden von den Mitarbeitern schriftlich auf einem Beurteilungsbogen festgehalten. Ihre Ergebnisse werden in der Arbeitsgruppe gemeinsam besprochen.

Die Kollegenbeurteilung (auch Gleichgestelltenbeurteilung) ist ein spezieller Ansatz der Mitarbeiterbeurteilung, die in erster Linie durch eine atypische Rollenkonstellation im Gegensatz zur klassischen Mitarbeiterbeurteilung gekennzeichnet ist. Diese Form der Beurteilung ergänzt die klassische Mitarbeiterbeurteilung durch den Vorgesetzten, stellt jedoch keinen Ersatz dar. Die methodische Vorgehensweise (z. B. Wahl der Beurteilungskriterien, Beurteilungsbogen) entspricht der klassischen Mitarbeiterbeurteilung.

Als mögliche Gründe für die bislang geringe Verbreitung der Kollegenbeurteilung in der Praxis werden genannt:

- fehlende Akzeptanz des Instruments,
- mangelnde Kenntnis der Aufgabeninhalte der Beurteilten,
- erhebliche Belastung des Arbeitsklimas durch das Gefühl der ständigen Beobachtung,
- Beeinflussung der Beurteilung durch personelle Beziehungen wie Rivalität oder Freundschaft,
- hohe Tendenz zu Fehlurteilen.

TIPP

Die Akzeptanz des Instruments können Sie steigern, indem Sie ein Projektteam bilden, das sich aktiv an der Wahl der Beurteilungskriterien, der Skalierung und

der Gewichtung beteiligt. Das Projektteam sollte sich aus Mitarbeitern unterschiedlicher Arbeitsgruppen zusammensetzen. Diese Vorgehensweise stellt die Transparenz des Verfahrens und die Information der übrigen Mitarbeiter in den Arbeitsgruppen sicher.

Mitarbeiter beurteilen sich selbst

Der Mitarbeiter beurteilt sich selbst. Er macht sich ein Bild von sich selbst, so wie er sich sieht. Dieses Selbstbild wird von seiner individuellen Wahrnehmung stark beeinflusst. Damit erhebt die Selbstbeurteilung weder einen Anspruch auf Objektivität noch einen Anspruch auf Realität.

In der betrieblichen Praxis ist die Selbstbeurteilung noch weitgehend unüblich. Erste Ansätze sind jedoch bei der Erstellung von Arbeitszeugnissen anzutreffen. Viele Unternehmen neigen dazu, die Formulierung des Zeugnisses durch den Betroffenen selbst vornehmen zu lassen. Die Vorformulierung des Zeugnisses ist Grundlage für die Erstellung des endgültigen Arbeitszeugnisses durch den Arbeitgeber.

Ein weiterer Ansatz bietet sich im Rahmen der klassischen Mitarbeiterbeurteilung an. Bei der Einladung zum Beurteilungsgespräch werden die Mitarbeiter aufgefordert, eine Beurteilung über sich selbst zu erstellen. Legen Sie bei diesem Verfahren die identischen Beurteilungskriterien und Bewertungsskalen zugrunde. Fehlinterpretationen hinsichtlich des inhaltlichen Verständnisses von Beurteilungskriterien vermeiden Sie durch entsprechende Hinweise auf den Beurteilungsbogen oder durch die Ausgabe separater Handanweisungen. Entsprechende Beispiele finden Sie in Kapitel 6.5.

TIPP

Die Erstellung des Fremdbildes durch den Vorgesetzten und des Selbstbildes durch den Mitarbeiter zwingen zu einem Abgleich im Rahmen des Beurteilungsgesprächs. Daraus ergeben sich zwei wesentliche Vorteile:

- **Vorgesetzte und Mitarbeiter bereiten sich auf das Beurteilungsgespräch anhand identischer Unterlagen vor.**
- **Der Mitarbeiter weiß, was auf ihn zukommt. Er gewinnt dadurch an Sicherheit für das bevorstehende Beurteilungsgespräch.**

6.3 Verfahren der Mitarbeiterbeurteilung

Die in der Praxis angewandten Beurteilungsverfahren werden nach unterschiedlichen Kriterien eingeteilt:

- Je nach Umfang kann sich die Mitarbeiterbeurteilung auf einzelne Personen im Unternehmen beziehen oder für alle Mitarbeiter oder Mitarbeitergruppen eingesetzt werden.
- Je nach Art der verwendeten Beurteilungskriterien lassen sich quantitative und qualitative Beurteilungen unterscheiden.
- Nach dem Grad der Differenzierung von Beurteilungskriterien kann die Leistung eines Mitarbeiters als Gesamtleistung (summarische Beurteilung) betrachtet werden oder anhand einzelner Beurteilungskriterien (analytische Beurteilung) erfolgen.
- Je nach Systematik der Mitarbeiterbeurteilung sind die wesentlichen Merkmale der Beurteilung vorgegeben (systematische Beurteilung) oder werden alleine durch den Beurteiler (systemlose Beurteilung) bestimmt.

Die Vorgabe eines Beurteilungsverfahrens zielt auf einen einheitlichen Bewertungsmaßstab, der den subjektiven Einfluss des Beurteilers auf das Beurteilungsergebnis weitestgehend minimiert. In der betrieblichen Praxis werden daher überwiegend analytische Beurteilungsverfahren eingesetzt. Ihre Anwendung erleichtert dem Beurteiler die Vorgehensweise und stellt ein höheres Maß an Objektivität sicher.

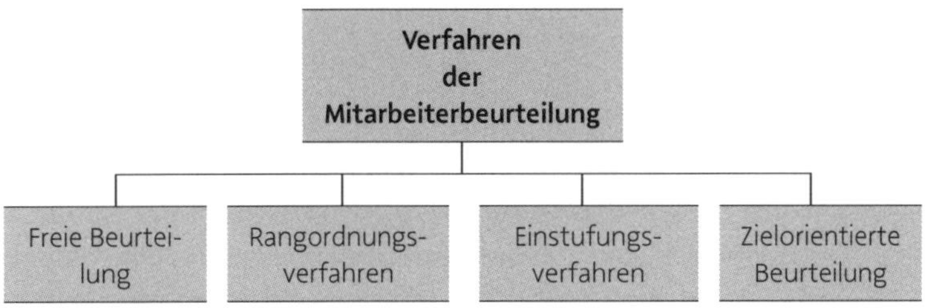

Abb. 6.2: Verfahren der Mitarbeiterbeurteilung

Freie Beurteilung

Die freie Beurteilung überlässt dem Beurteiler in allen Punkten die Wahl des Beurteilungsverfahrens. Dieser ist somit an keine inhaltlichen Vorgaben gebunden und kann die aufgenommenen Beurteilungskriterien und deren Gewichtung individuell auf die Aufgabeninhalte des Mitarbeiters abstimmen und damit gezielt dessen Stärken und Schwächen erfassen. Die Ergebnisse werden im Allgemeinen verbal in Stichworten festgehalten.

BEISPIEL

Ein Teamkoordinator beurteilt ein Teammitglied. Er legt seiner Beurteilung die Kriterien „Kommunikationsfähigkeit“, „Fähigkeit zur Integration“ und „Information“ zugrunde und beschreibt diese verbal.

Die subjektive und meist unvollständige Wahl der Beurteilungskriterien durch den jeweiligen Beurteiler machen die Vergleichbarkeit mit anderen Beurteilungen unmöglich. Aus diesem Nachteil heraus resultiert eine Variante der freien Beurteilung. Sie gibt die Beurteilungskriterien vor, stellt jedoch dem Beurteiler die Formulierung frei.

BEISPIEL

Ein Teamkoordinator beurteilt sein Teammitglied hinsichtlich der vorgegebenen Beurteilungskriterien „Kommunikationsfähigkeit“, „Fähigkeit zur Konfliktbewältigung“ und „Information“. Er beschreibt diese verbal.

Auch in diesem Fall führt die Vorgabe der Beurteilungskriterien nur zu einer begrenzten Vergleichbarkeit, da diese Vorgehensweise durch die sprachliche Ausdrucksfähigkeit des Beurteilers zusätzlich erschwert wird.

WICHTIG

Die freie Beurteilung zieht in der Regel eine unkontrollierbare Beurteilungspraxis nach sich, da sie stark subjektiv durch die Person des Beurteilers geprägt ist. Die Ergebnisse liefern keine zuverlässige Entscheidungsgrundlage für die Einleitung personalpolitischer Maßnahmen. In der betrieblichen Praxis wird sie daher kaum eingesetzt.

Rangordnungsverfahren

Durch dieses Verfahren werden die Beurteiler veranlasst, Rangordnungen der Mitarbeiter hinsichtlich ihrer Gesamtleistung oder einzelner Beurteilungskriterien zu bilden. Die Rangordnung kennzeichnet die relative Stellung eines Beurteilten zu den anderen Beurteilten. Dem Beurteiler stehen zur Durchführung des Verfahrens unterschiedliche methodische Hilfen zur Verfügung.

Methoden zur Durchführung des Rangordnungsverfahrens							
Concoursverfahren: Der Beurteiler wählt ein Beurteilungskriterium aus und bringt die zu beurteilenden Mitarbeiter hinsichtlich dieses Kriteriums in eine Rangordnung.							
Beispiel: Kontaktfähigkeit		→	Rangordnung 1 Herr Schmidt 2 Herr Müller 3 Frau Schulz 4 Herr Maier				
Methode des „Abschälens“: Der Beurteiler wählt ein Beurteilungskriterium aus und belegt hinsichtlich des Kriteriums innerhalb der Rangordnung zuerst den ersten und den letzten Rangplatz, dann den zweiten und den zweitletzten Rangplatz usw.							
Beispiel: Kontaktfähigkeit		→	Rangordnung 1 Herr Schmidt 2 Herr Müller ... ... 8 Herr Maurer				
Verfahren der erzwungenen Verteilung: Der Beurteiler wählt ein Beurteilungskriterium aus und orientiert die Vergabe der Rangplätze an der Normalverteilung, d. h. um eine breite Mittelgruppe scharen sich eine geringere Anzahl besser und schlechter beurteilter Mitarbeiter.							
Beispiel	Kontaktfähigkeit	→	Rangordnung				
	Ausprägung		❶	❷	❸	❹	❺
	Anz. Der Beurteilten in %		5	25	40	25	5
Paarvergleichsmethode: Der Beurteiler wählt ein Beurteilungskriterium aus und vergleicht jeden Mitarbeiter hinsichtlich des Beurteilungskriteriums mit jedem anderen Mitarbeiter. Die Rangordnung entsteht durch die Addition der Fälle, in denen ein Mitarbeiter besser als eine bestimmte Zahl anderer Mitarbeiter war.							

Methoden zur Durchführung des Rangordnungsverfahrens		
Beispiel: Kontaktfähigkeit	→	Rangordnung Herr Schmidt ist besser als Herr Müller. Herr Müller ist besser als Frau Schulz. Herr Schmidt ist besser als Frau Schulz. 1 Herr Schmidt 2 Herr Müller 3 Frau Schulz

Tab. 6.8: Methoden zur Durchführung des Rangordnungsverfahrens

Diese Vorgehensweise erweist sich als sehr zuverlässig. Das Rangordnungsverfahren wird in der Regel nicht als eigenständiges Instrument eingesetzt, sondern als Unterstützung oder Ergänzung anderer Verfahren.

TIPP

Bei der Anwendung des Rangordnungsverfahrens sollten Sie beachten:

- **Sehen Sie die Ergebnisse nicht absolut. Rangplätze liefern lediglich relative Ergebnisse, da die Differenz zwischen den einzelnen Rangplätzen aufgrund unterschiedlich großer Leistungsunterschiede entsteht.**
- **Die Bildung von Rangordnungen ist ein sehr zeitaufwendiges Verfahren und daher als Hilfsmittel nur bei kleinen Arbeitsgruppen anzuwenden.**
- **Eine Vergleichbarkeit unter den Rangordnungen verschiedener Arbeitsgruppen ist nicht möglich.**
- **Informieren Sie die Mitarbeiter rechtzeitig, da Rangordnungen innerhalb einer Arbeitsgruppe dem Teamgeist und der Zusammenarbeit eher schaden als fördern.**

Einstufungsverfahren

In der heutigen Beurteilungspraxis dominiert das Einstufungsverfahren. Dabei werden dem Beurteiler die Beurteilungskriterien und die Skalierung vorgegeben. Der Beurteiler erfasst die meist qualitativen Merkmale mithilfe von verbal oder numerisch definierten Kategorien, die auf einer Skala verschiedene Ausprägungsgrade des Merkmals repräsentieren. Durch das Einstufungsverfahren wird der Beurteiler veranlasst, sich intensiv mit jedem einzelnen Beurteilungskriterium auseinanderzusetzen. Diese Vorgehensweise führt zu einer höheren Praktikabilität und zu einer größeren Objektivität, da das Verfahren Fehlerrisiken, die auf die Person des Beurteilers zurückzuführen sind, weitestgehend ausschaltet.

Der *Hauptvorteil des Einstufungsverfahrens* ist die hohe Vergleichbarkeit unter den Beurteilungen. Außerdem ist das Verfahren leicht zu standardisieren. Das Hauptproblem des Verfahrens besteht in der Auswahl geeigneter Beurteilungskriterien, die mit den jeweiligen Anforderungen des Arbeitsplatzes abgestimmt sein müssen. Bei einer auf den einzelnen Arbeitsplatz zugeschnittenen Beurteilung müssten als Bezugsbasis Stellenbeschreibungen herangezogen oder aufwendige Anforderungsanalysen durchgeführt werden. Eine solche Vorgehensweise ist zu aufwendig, weshalb in der Regel dem Einstufungsverfahren ein genereller Kriterienkatalog zugrunde gelegt wird, der auf die Beurteilung aller Mitarbeiter angewendet wird.

6.3.1 Beurteilungskriterien

Die Auswahl geeigneter Beurteilungskriterien stellt hohe Anforderungen an die Entwicklung des Verfahrens. Für die *Festlegung von individuellen Beurteilungskatalogen* kann die jeweilige Stellenbeschreibung herangezogen werden. Sie beinhaltet die Zielsetzung der Stelle und der daraus abgeleiteten Einzelaufgaben des Stelleninhabers sowie seine Kompetenzen und Pflichten.

Der *Hauptnachteil* des individuellen Kriterienkataloges besteht in dem *hohen Arbeitsaufwand*, der mit der Abstimmung der Anforderungen der einzelnen Arbeitsplätze verbunden ist. Außerdem wird wegen der Vielzahl von Kriterienkatalogen die Vergleichbarkeit unter den Beurteilungen stark reduziert. Deshalb verzichten die meisten Verfahren in der Praxis auf eine exakte Abstimmung der Beurteilungskriterien mit den Anforderungen der jeweiligen Arbeitsplätze. Dafür werden generelle Kriterienkataloge eingesetzt, die für alle oder zumindest eine große Zahl von Arbeitsplätzen angewandt werden. Auf diese Weise steigt die Vergleichbarkeit unter den Beurteilungen.

TIPP

Setzen Sie gruppenspezifische Beurteilungskataloge ein. Diese geben Ihnen die Möglichkeit, die Beurteilungskriterien auf einzelne Mitarbeitergruppen (Führungskräfte, Mitarbeiter in der Verwaltung, Mitarbeiter in der Produktion) abzustimmen. Sie berücksichtigen damit die Spezifika der einzelnen Mitarbeitergruppen und erreichen eine hohe Vergleichbarkeit innerhalb der jeweiligen Gruppe.

Die nachfolgende Übersicht umfasst die Beurteilungskriterien, die in der betrieblichen Praxis häufig verwendet werden. Die Kriterien beziehen sich maßgeblich auf die Arbeitsleistung und das Arbeitsverhalten. Auf Merkmale, welche die persönlichen Eigenschaften des Mitarbeiters betreffen, wird weitgehend verzichtet.

- Arbeitsmenge
- Arbeitsqualität
- Ausdrucksfähigkeit
- Belastbarkeit
- Durchsetzungsfähigkeit
- Engagement
- Entscheidungsfreude
- Fachkönnen
- Fachwissen
- Flexibilität
- Initiative
- Kollegialität
- Kommunikationsfähigkeit
- Kooperationsfähigkeit
- Kostenbewusstsein
- Kundenorientierung
- Lernbereitschaft
- Lernfähigkeit
- Motivation
- Organisation
- Pünktlichkeit
- Qualitätsbewusstsein
- Sauberkeit
- Sorgfalt
- Teamfähigkeit
- Termineinhaltung
- Verantwortungsfreude
- Verantwortungsfähigkeit
- Weiterbildungsverhalten
- Zielstrebigkeit
- Zusammenarbeit
- Zuverlässigkeit

Die folgenden Kriterien finden überwiegend auf Mitarbeiter mit Führungsverantwortung Anwendung:

- Delegationsbereitschaft
- Entscheidungsfreude
- Führungsverhalten
- Information und Anleitung
- Kontrolle
- Mitarbeiterförderung
- Planung und Organisation
- Überzeugungsfähigkeit

Bei der Entwicklung eines Kriterienkataloges besteht die Tendenz, die Leistung und das Verhalten eines Mitarbeiters so vollständig wie möglich über Beurteilungskriterien abzubilden. Das führt dazu, dass 30 bis 40 Kriterien aufgenommen werden. Ein dermaßen überfrachteter Kriterienkatalog demotiviert den Beurteiler und veranlasst zu mangelnder Sorgfalt. Der Beurteiler ist überfordert und das Beurteilungsverfahren von Anfang an zum Scheitern verurteilt. Mit 10 bis 20 Kriterien lässt sich eine aussagekräftige Beurteilung erstellen. Die folgende Übersicht enthält die bei der Auswahl geeigneter Beurteilungskriterien zu beachtenden Grundsätze.

Übersicht: Auswahl geeigneter Beurteilungskriterien

- Verwenden Sie nur Beurteilungskriterien, die sich auf beobachtbares Verhalten beziehen!
- Stimmen Sie die Beurteilungskriterien mit den Anforderungen der einzelnen Arbeitsplätze ab. Beurteilungskriterien müssen in unmittelbarem Zusammenhang mit der Leistungserbringung am Arbeitsplatz stehen und am Arbeitsplatz auch tatsächlich vorkommen.
- Erfassen Sie die wichtigsten für die Tätigkeit relevanten Merkmale!
- Vermeiden Sie persönlichkeitsorientierte Beurteilungskriterien. Sie können vom Beurteiler nicht beobachtet werden. Die Gefahr von Fehlinterpretationen nimmt zu.
- Formulieren Sie die Beurteilungskriterien so, dass keine psychologischen Fachkenntnisse erforderlich sind!
- Beschreiben Sie die Beurteilungskriterien eindeutig!
- Grenzen Sie die Beurteilungskriterien eindeutig voneinander ab!
- Beschränken Sie die Anzahl der Beurteilungskriterien, damit die Übersichtlichkeit gewahrt wird!

Tab. 6.9: Übersicht: Auswahl geeigneter Beurteilungskriterien

TIPP

Binden Sie die Beurteiler schon frühzeitig bei der Entwicklung des Kriterienkataloges in das Beurteilungsverfahren ein. Die Beurteiler sind mit den Leistungsergebnissen und dem Leistungsverhalten der zu Beurteilenden bestens vertraut und geben Ihnen wertvolle Hinweise. Zusätzlich führt eine solche Vorgehensweise zu einem einheitlichen Verständnis der Beurteilungskriterien und schließt Fehlinterpretationen aus.

6.3.2 Gewichtung

Nach der Auswahl der Beurteilungskriterien ist zu prüfen, welche Bedeutung die einzelnen Kriterien in der *Gesamtbeurteilung* haben. Gehen alle Kriterien gleichgewichtig in die Beurteilung ein? Sind sie alle in gleichem Umfang maßgeblich für die Leistungserbringung? Das Gewicht folgt aus dem Umfang, in dem die Leistung des Mitarbeiters durch das Merkmal beeinflusst wird. Eine Gewichtung kann aufgrund der unternehmensspezifischen Situation und/oder der gewählten Zielsetzung vorgenommen werden.

BEISPIEL

In einen Beurteilungsbogen für gewerbliche Arbeitnehmer wurden die folgenden Kriterien aufgenommen:

- Arbeitsmenge

- Arbeitsgüte
- Arbeitseinsatz/Initiative/Selbständigkeit
- Kostenbewusstsein
- Zusammenarbeit
- Sicherheitsverhalten

Dabei wurden die beiden leistungsorientierten Kriterien Arbeitsmenge und Arbeitsgüte im Vergleich zu den restlichen Kriterien mit dem doppelten Gewicht versehen.

Beziehen Sie folgende Grundsätze in Ihre Überlegungen ein:

- Leistungsorientierte Beurteilungskriterien oder die das Leistungsergebnis unmittelbar beeinflussende Kriterien sind in der Regel stärker zu gewichten.
- Doppelbewertungen sind zu vermeiden, insbesondere dann, wenn zwischen zwei Kriterien eine starke Korrelation besteht.

! **ACHTUNG**

Bei der Beurteilung von Führungskräften bietet sich eine stärkere Gewichtung der Führungseigenschaften an.

In den meisten Beurteilungssystemen wird ein einheitlicher Gewichtungsschlüssel verwendet, der zentral für alle Mitarbeiter festgelegt wird. Darüber hinaus besteht die Möglichkeit, den Gewichtungsschlüssel durch den jeweiligen Beurteiler definieren zu lassen. Dem tatsächlichen Einfluss der Kriterien an jedem Arbeitsplatz kann auf diese Weise individuell Rechnung getragen werden. An den Beurteiler werden jedoch hohe Anforderungen gestellt.

Sie können die Gewichtung auf zwei unterschiedliche Arten vornehmen:

6.3.3 Gewichtungsfaktoren

Sie ordnen jedem Beurteilungskriterium einen Multiplikationsfaktor zu.

▶ **BEISPIEL**

Delegationsbereitschaft	x 2
Mitarbeiterförderung	x 2
Kontrolle	x 1

6.3.4 Anteilsausweis

Sie fügen jedem Beurteilungskriterium einen Prozentanteil bei.

BEISPIEL

Delegationsbereitschaft	20 %
Mitarbeiterförderung	20 %
Kontrolle	10 %

In der heutigen Beurteilungspraxis spielt die Gewichtung eine eher untergeordnete Rolle. Folgen Sie dem Trend, die Anzahl der Beurteilungskriterien auf ein „Muss" zu reduzieren, so ist es problematisch, den wenigen Beurteilungskriterien die entsprechende Gewichtung zuzuordnen. Zusätzlich wird die Praktikabilität des Beurteilungsverfahrens durch die Gewichtung eher gemindert als gefördert. Die Transparenz und die Nachvollziehbarkeit des Verfahrens sind nicht mehr gewährleistet.

6.3.5 Skalierung

Um die unterschiedlichen Leistungsgrade der Beurteilten zu erfassen, kann der Beurteiler verbal den Ausprägungsgrad jedes einzelnen Merkmals beschreiben. Diese Vorgehensweise stellt hohe Anforderungen an die sprachliche Ausdrucksfähigkeit des Beurteilers, die zu einer geringeren Vergleichbarkeit unter den Beurteilungen führt.

Für den Beurteiler wird es einfacher, wenn ihm eine bestimmte Anzahl von Bewertungsstufen (Skalierung) vorgegeben wird. Eine vorgegebene Skalierung stellt eine einheitliche Vorgehensweise sicher und gewährleistet die Vergleichbarkeit unter den Beurteilungen. Die in der Praxis anzutreffenden Beurteilungsbogen beinhalten in der Regel vorgegebene Bewertungsskalen. Die Bewertung des Beurteilungskriteriums erfolgt lediglich durch Ankreuzen des Ausprägungsgrades.

6.3.6 Anzahl der Skalenstufen

Die Praxis kennt Beurteilungsskalen mit den unterschiedlichsten Spannbreiten. Die Zahl der Skalenstufen variiert von 3 bis 9. In der Vergangenheit wurde am häufigsten die „5er"-Skala eingesetzt. In den letzten Jahren ist eine verstärkte Tendenz zur „7er"-Skala erkennbar.

„3er"-Skala	Sie bietet nicht genügend Differenzierungsstufen.
„5er"-Skala	Sie ist überschaubar, hat jedoch eine Tendenz zur „3er"-Skala, da Extremwerte nur selten verwendet werden.
„7er"-Skala	In dem häufig genutzten Mittelfeld bietet sie ausreichende Möglichkeiten, die Leistungen sinnvoll zu differenzieren.
„9er"-Skala	Sie gilt als überfrachtet. Die Unterschiede zwischen den einzelnen Bewertungsstufen sind nicht mehr eindeutig abgrenzbar.

6.3.7 Wahl der Skalierung

Die Übersicht auf der folgenden Seite vermittelt einen Überblick über die in der Praxis am häufigsten verwendeten Bewertungsskalen. Sie unterscheiden sich lediglich hinsichtlich ihrer Konstruktion.

Die *Beurteilungsskalen I–IV* überzeugen den Anwender durch ihre Übersichtlichkeit. Die Definitionen bzw. Ausprägungen können jedoch nur sehr allgemein gehalten werden. Die Beurteilungsskala V trägt dem Mangel an Verallgemeinerung in zwei Ausprägungen Rechnung. Die Skalenwertbeschreibung (1) beschreibt verbal den Inhalt des Merkmals. Die Ausprägungen jedes Merkmals skizziert der Beurteiler in der Regel anhand einer numerischen Skala. Die Skalenwertbeschreibung (2) beschreibt verbal das Beurteilungskriterium in allen Ausprägungen. Dem Beurteiler wird die Zuordnung des beobachteten Verhaltens erheblich erleichtert. Dadurch werden auch Fehldeutungen erheblich minimiert. Der Hauptnachteil dieser Skalenwertbeschreibung besteht in dem hohen Zeitaufwand bei der Erstellung der Skalendefinitionen.

Skalierungsmöglichkeiten

	Beurteilungs-skala	Eigenschaft	Beispiel Merkmal: Zusammenarbeit				
			sehr gut	gut	befriedigend	ausreichend	schlecht
I	Numerische Skalen	Die Abstufungen basieren auf Zahlenwerten.	1 ☐	2 ☐	3 ☐	4 ☐	5 ☐

<table>
<tr><th colspan="4">Skalierungsmöglichkeiten</th></tr>
<tr><td>II</td><td>Alphabetische Skalen</td><td>Statt der Zahlenwerte werden den Abstufungen Buchstaben zugeordnet zur Vermeidung der Assoziation mit Schulnoten.</td><td>A ☐ B ☐ C ☐ D ☐ E ☐</td></tr>
<tr><td>III</td><td>Grafische Skalen</td><td>Sie gibt dem Beurteiler die Möglichkeit, die Ausprägung durch einen Buchstaben auf einem Skalenstrahl festzuhalten.</td><td>|——— x ———————|</td></tr>
<tr><td>IV</td><td>Nominalskalen</td><td>Sie beschreibt die Abstufungen mit einzelnen Begriffen.</td><td>☐ sehr gut ☐ gut ☐ befriedigend ☐ ausreichend ☐ schlecht</td></tr>
<tr><td>V</td><td>Skalenwertbeschreibung (1)</td><td>Das Beurteilungskriterium wird verbal umschrieben. Der Beurteiler bewertet das Kriterium anhand einer numerischen oder alphabetischen Skala.</td><td>Zusammenarbeit mit Kollegen und Vorgesetzten, Teamfähigkeit, Kommunikationsfähigkeit, Hilfsbereitschaft
1 ☐ 2 ☐ 3 ☐ 4 ☐ 5 ☐</td></tr>
<tr><td></td><td>Skalenwertbeschreibung (2)</td><td>Das Beurteilungskriterium wird in allen Ausprägungen verbal umschrieben.</td><td>1 Zusammenarbeit mit Kollegen und Vorgesetzten stets hervorragend, trägt in außerordentlichem Maße zum Teamerfolg bei.
2 Überdurchschnittliche Mitarbeit im Team, trägt zum Teamerfolg bei.
3 Gute Zusammenarbeit mit Kollegen und Vorgesetzten, integriert sich in das Team.
4 Manchmal Probleme in der Zusammenarbeit mit Kollegen und Vorgesetzten, umgänglich.
5 Integriert sich nicht in das Team, behindert die Arbeit im Team durch Störungen, unverträglich.</td></tr>
</table>

Tab. 6.10: Skalierungsmöglichkeiten

Checkliste: Wahl der Bewertungsskala

- Reduzieren Sie die Anzahl der Skalenstufen so, dass sie für den Beurteiler überschaubar ist!
- Wählen Sie eine geeignete, ausreichend differenzierte, Skalierung!
- Stimmen Sie die Bewertungsskalen auf die Beurteilungskriterien ab!
- Beschreiben Sie die Skalenstufen eindeutig!
- Formulieren Sie die Extremwerte der Skalenstufen nicht zu negativ oder zu positiv! Der Beurteiler scheut ihre Anwendung. Zusätzlich führen zu negative Beurteilungen zu Demotivation und Frustration des Beurteilten. Zu positive Beurteilungen wecken eine positive Erwartungshaltung auf Seiten des Beurteilten, die in dem Fall, in dem ihr nicht gleich entsprochen wird, einen Leistungsabfall nach sich ziehen kann.

Die Vorgehensweise beim Einstufungsverfahren von der Festlegung des Beurteilungsziels bis zur Durchführung der Beurteilung ist im folgenden Ablaufdiagramm (siehe Seite 187) dargestellt.

Zielorientierte Beurteilung

Im Mittelpunkt dieses Verfahrens steht die Beurteilung des Mitarbeiters anhand von Zielen. Diese mit dem Mitarbeiter individuell vereinbarten Leistungsziele werden aus den Unternehmenszielen abgeleitet und bilden den Schwerpunkt der eigentlichen Tätigkeit und zugleich den Maßstab der Beurteilung. Ausgangspunkt ist die Festlegung der vom Mitarbeiter zu erfüllenden Zielsetzungen. Die Grundlagen der Zielvereinbarung und mögliche Inhalte eines Zielvereinbarungsgesprächs sind auf den Seiten 57 ff. und 135 ff. dargestellt.

Zur praktischen Umsetzung werden die vereinbarten Ziele in einem individuellen Leistungsplan beschrieben. Dieser sollte grundsätzlich folgende Angaben enthalten:

6.3.8 Ablauf des Einstufungsverfahrens

- vollständige Auflistung der Aufgabeninhalte einer Stelle (Stellenbeschreibung),
- Beschreibung der vereinbarten Ziele,
- Festlegung von Gewichtungsfaktoren für die einzelnen Ziele durch die Vergabe von Prioritäten oder Prozentanteilen,
- Beschreibung der persönlichen Entwicklungsziele des Mitarbeiters.

TIPP

Erstellen Sie den Leistungsplan des Mitarbeiters nicht alleine! Beteiligen Sie den Mitarbeiter an seiner individuellen Ausgestaltung, zumal dieser die Grundlage der Beurteilung bildet. Für den Mitarbeiter wird zugleich das Verfahren transparent und folglich nachvollziehbar.

Legen Sie zusätzlich in einem weiteren Schritt die Leistungsstandards fest. Diese ergänzen den individuellen Leistungsplan und verdeutlichen darüber hinaus, in welchem Ausmaß ein Mitarbeiter die Zielvereinbarungen zu erfüllen hat. Mithilfe dieser Leistungsstandards werden die unterschiedlichen Leistungsniveaus abgebildet.

6.3.9 Wie gehen Sie bei der Festlegung der Leistungsstandards vor?

- Sie legen gemeinsam mit dem Mitarbeiter die unterschiedlichen Leistungsstandards fest.

BEISPIEL

„Der Personalreferent löst seine Aufgabe gut, wenn er ...“
Quantitatives Ziel: „... die krankheitsbedingten Fehlzeiten auf 3,5 % senkt!“
Qualitatives Ziel: „... ein Konzept zur Reduzierung krankheitsbedingter Fehlzeiten vorlegt!“

Zur Formulierung der Leistungsstandards können darüber hinaus auch Zeitlimits, Art und Weise der Aufgabenerfüllung, Methoden usw. herangezogen werden.

- Sie definieren für jedes Leistungsniveau einen Leistungsstandard und formulieren diesen so präzise wie möglich.

BEISPIEL

Leistungsstandard	Leistungsniveau
„Der Personalreferent hat sein Ziel entscheidend überschritten, wenn er ...“	1
„gut erreicht, wenn er ...“	3
„entscheidend unterschritten, wenn er ...“	5

Die Formulierung solcher Leistungsstandards erfordert einen erheblichen Zeitaufwand und mindert folglich die Praktikabilität des Verfahrens. Sie reduzieren den Zeitaufwand, indem Sie bei einer „5er“-Skala nur die Bewertungsstufen 1, 3 und 5 präzise formulieren.

Die Bewertung der tatsächlich erbrachten Leistung des Mitarbeiters erfolgt durch den Vergleich der vereinbarten Ziele mit den festgelegten Leistungsstandards. In diesem Schritt ermitteln Sie, in welchem Ausmaß der Mitarbeiter das Ziel erreicht hat.

- Nutzen Sie bei Abweichungen das Beurteilungsgespräch (vgl. Seite 62), um gemeinsam mit dem Mitarbeiter die möglichen Ursachen für die Nichterreichung der Ziele festzustellen.
- Geben Sie dem Mitarbeiter ein Feedback über seine erbrachte Leistung auf der Basis der individuell vereinbarten Ziele und Leistungsstandards.
- Beachten Sie, dass der Grad der Zielerreichung nicht ausschließlich vom Mitarbeiter abhängt, sondern durch eine Vielzahl betriebsinterner und betriebsexterner Faktoren nachhaltig beeinflusst werden kann.

TIPP

Führen Sie mit dem Mitarbeiter bereits innerhalb der Beurteilungsperiode regelmäßig Gespräche über seinen Zielfortschritt. Damit geben Sie dem Mitarbeiter Feedback und können frühzeitig, wenn schwerwiegende Einflüsse die Zielerreichung behindern, notwendige Zielkorrekturen einleiten (vgl. die Ausführungen zum Feedbackgespräch, Kapitel 3.7).

Die zielorientierte Mitarbeiterbeurteilung hat zahlreiche Vorteile:

- Die Beurteilungen sind streng aufgabenbezogen.
- Die eindeutig formulierten Ziele und Leistungsstandards geben dem Beurteiler einen festen Bezugspunkt. Er kann die Leistung des Mitarbeiters objektiv einstufen.
- Der Mitarbeiter kennt die Anforderungen, die an ihn gestellt werden.
- Die Ausgestaltung der Leistungspläne und die Festlegung der Leistungsstandards beziehen sich inhaltlich konkret auf die zu erfüllenden Aufgaben einer Stelle.
- Die präzise Formulierung der Leistungsstandards setzt eindeutige Maßstäbe.
- Zielorientierte Beurteilungen liefern zuverlässige, arbeitsplatzbezogene Informationen und lassen außerdem die Stärken und Schwächen der Mitarbeiter erkennen.
- Die Kommunikation zwischen dem Vorgesetzten und dem Mitarbeiter wird durch die regelmäßig stattfindenden Gespräche intensiviert. Dadurch wird auch die Führungsqualität des Vorgesetzten positiv beeinflusst.

Der hohe Zeitaufwand, der mit der Definition der Leistungsstandards verbunden ist, dürfte der Hauptgrund für die geringe Anwendung des Verfahrens in der betrieblichen Praxis sein.

TIPP

Sie steigern die Praktikabilität des Verfahrens, indem Sie frühzeitig Schulungsmaßnahmen einleiten:

- **Wie formuliere ich Ziele konkret und realistisch?**
- **Wie erstelle ich Leistungspläne?**
- **Wie formuliere ich Leistungsstandards?**
- **Wie führe ich Zielfortschrittsgespräche?**
- **Wie führe ich Zielvereinbarungsgespräche?**

In den USA zeigt sich seit einiger Zeit, insbesondere im Führungskräftebereich, ein vermehrter Einsatz zielorientierter Beurteilungen. Es kann davon ausgegangen werden, dass sich dieser Trend in Deutschland fortsetzt.

6.4 Stufen der Mitarbeiterbeurteilung

Eine systematische Mitarbeiterbeurteilung erfordert eine *systematische Vorgehensweise*. Sie trägt zur Akzeptanz des Verfahrens bei Vorgesetzten und Mitarbeitern bei und hilft, Beurteilungsfehler weitestgehend zu vermeiden. Drei typische Ablaufschritte können unterschieden werden:

Phasen		Hilfsmittel
1. Beobachten und beschreiben	→	Beobachtungsprotokoll
↓		↓
2. Bewerten	→	Beurteilungskriterien
↓		↓
3. Besprechen	→	Beurteilungsbogen

Tab. 6.11: Ablauf der Mitarbeiterbeurteilung

Beobachten und Beschreiben

Die Beobachtung zählt zur permanenten Aufgabe des Vorgesetzten. Sie ist regelmäßig und fortlaufend während des Beurteilungszeitraums durchzuführen. Gegenstand der Beobachtung sind die Arbeitsleistung und das Arbeitsverhalten des Mitarbeiters unter Berücksichtigung vorgegebener Beurteilungskriterien. Eine Beobachtung ist erst dann als zuverlässig anzusehen, wenn ihr Ergebnis auf einer Vielzahl von Einzelbeobachtungen beruht und Beurteilungsfehler weitestgehend auszuschließen sind.

TIPP

Verwechseln Sie die Beobachtung nicht mit einer systematischen Fehlersuche! In dieser Stufe geht es lediglich um eine wertfreie Feststellung des Arbeits- und Leistungsverhaltens eines Mitarbeiters

Was sollten Sie als Beurteiler beachten?

- Gehen Sie systematisch vor und überlassen Sie die Beobachtung nicht dem Zufall!
- Konzentrieren Sie sich nicht nur auf negative Erscheinungen!
- Berücksichtigen Sie negative und positive Beobachtungen gleichermaßen!
- Beginnen Sie mit Ihren Beobachtungen nicht erst gegen Ende des Beurteilungszeitraums.
- Halten Sie Ihre Beobachtungen schriftlich fest! Oftmals sind es nur die negativen Erscheinungen, die im Gedächtnis haften bleiben. Positive Erscheinungen geraten schneller „ins Vergessen".
- Vermeiden Sie bereits bei der Beschreibung Ihrer Eindrücke, eine Wertung vorzunehmen.
- Bleiben Sie objektiv!
- Verwenden Sie ein Formblatt, um eine Systematik Ihrer Beobachtungen vornehmen zu können! Dadurch wird Ihnen zusätzlich die Verbindung von Beurteilungskriterien und dem beobachteten Verhalten erleichtert.

Erst wenn Sie über eine Vielzahl von Einzelbeobachtungen verfügen, besitzen Sie eine zuverlässige Grundlage, die ein endgültiges Urteil über das Arbeitsergebnis und Arbeitsverhalten eines Mitarbeiters erlaubt. Dadurch wird Ihre Bewertung für den Mitarbeiter nachvollziehbar und transparent.

Regeln für die Beobachtung	
Was soll beobachtet werden?	Der Beurteiler soll, so diskret wie möglich, die regelmäßige Arbeitsleistung und das regelmäßige Arbeitsverhalten des Mitarbeiters im natürlichen Arbeitsprozess erfassen. Die Beobachtung darf den Mitarbeiter weder zu einer intensiveren Arbeitsleistung als üblich veranlassen noch zu einem Versagen unter Stressbelastung führen.
Wo soll beobachtet werden?	Der Beurteiler soll leistungsbezogene Beurteilungskriterien (Arbeitstempo, Genauigkeit, Fertigkeiten) am Arbeitsplatz des Mitarbeiters beobachten. Verhaltensbezogene Kriterien (Kontaktvermögen, Kollegialität, Gruppenverhalten) können auch außerhalb des engeren Arbeitsbereiches, z. B. bei Besprechungen, beobachtet werden.
Wann soll beobachtet werden	Der Beurteiler soll zu unterschiedlichen Zeitpunkten beobachten. Die Leistungsfähigkeit eines Menschen unterliegt aufgrund seines „Biorhythmus" dem gesetzmäßigen Wechsel seiner Leistungskurve. Leistungshöchstwerte sind in der Zeit von 09.00 Uhr bis 11.00 Uhr beobachtbar; Leistungstäler zeigen sich hingegen am frühen Nachmittag. Gleiche Beobachtungszeitpunkte führen folglich zu einem einseitigen und unvollständigen Bild des Mitarbeiters.

Tab. 6.12: Regeln für die Beobachtung

Die Beobachtung wird durch die Verwendung eines Beobachtungsprotokolls erleichtert, das von der Personalabteilung allen Beurteilern zur Verfügung gestellt wird. Damit wird der Beurteiler „gezwungen", seine Beobachtungen schriftlich festzuhalten. Die Verwendung eines Formblatts lässt darüber hinaus durch den Vergleich der Mitarbeiter (Rangfolge) untereinander bereits erste Tendenzen erkennen.

Beobachtungsprotokoll			
Name, Vorname Mitarbeiter(in) *Mustermann, Fred*		Pers.Nr.: *4711*	Funktion *Teamkoordinator/Entwicklung*
Beobachtungszeitpunkt		Beobachtetes Verhalten in Stichworten	
Datum	Uhrzeit	Beurteilungskriterium: *Fachkompetenz*	Ort
30.06.2007	15.20	*Herr Mustermann überblickt fachübergreifende Zusammenhänge.*	*Arbeitsplatz*
Datum	Uhrzeit	Beurteilungskriterium: *Teamfähigkeit*	Ort
03.03.2007	11.15	*Herr Mustermann ist gegenüber seinen Kollegen aufgeschlossen und unterstützt diese in kooperativer Weise.*	*Teamsitzung*

15.06.2007	14.30	*Herr Mustermann berücksichtigt die Folgen von Entscheidungen und Maßnahmen auch über den eigenen Verantwortungsbereich hinaus.*	*Teamsitzung*

Datum	Uhrzeit	Beurteilungskriterium: *Kontaktfähigkeit*	Ort
13.04.2007	9.20	*Herr Mustermann gibt seinen Kollegen die Informationen zeitgerecht und umfassend weiter.*	*Besprechung*

Datum	Uhrzeit	Beurteilungskriterium:	Ort

Tab. 6.13: Beobachtungsprotokoll

TIPP

Verlassen Sie sich nicht darauf, dass eine regelmäßige Beobachtung überflüssig ist, weil Sie doch Ihre Mitarbeiter kennen. Diese Kenntnis fließt dann auch in die Beurteilung ein und diese fällt so ähnlich wie beim letzten Mal aus. Verbesserungen oder Verschlechterungen im Leistungsverhalten während der laufenden Beurteilungsperiode bleiben unberücksichtigt.

Bewerten

In dieser Phase stellt sich für den Beurteiler die Problematik, geeignete Bewertungsmaßstäbe festzustellen. Häufig besteht die Gefahr, allgemeine Werturteile abzugeben bzw. die eigenen Idealvorstellungen der Bewertung zugrunde zu legen. Beurteilt werden soll die Eignung eines Mitarbeiters für einen bestimmten Arbeitsplatz bzw. eine bestimmte Aufgabenstellung. Dabei kann die endgültige Urteilsfindung durch vorgegebene Formulierungshilfen im Beurteilungsbogen oder in einer separaten Handanweisung erleichtert werden.

BEISPIEL

Belastbarkeit	▪ behält Ruhe und Überblick, ▪ erreicht gute Leistungen unter Zeitdruck, ▪ reagiert sachlich bei Stress oder Angriffen durch Kollegen, ▪ kann Rückschläge wegstecken und regeneriert sich schnell, ▪ ist in Krisensituationen bereit und in der Lage, die Unterstützung seiner Kollegen oder seines Vorgesetzten anzunehmen.

TIPP

Beachten Sie bei Ihrer Bewertung stets die vorgegebenen Beurteilungskriterien! Bewerten Sie keine Eigenschaften, die nicht abgefragt werden!

Besprechen

Das Beurteilungsgespräch ist eine wesentliche Voraussetzung für die Akzeptanz des Beurteilungsverfahrens durch die Beurteilten. Beurteiler und Beurteilte tauschen gegenseitig ihre Bewertungen hinsichtlich des Leistungsergebnisses und des Leistungsverhaltens aus. Sie lernen die Erwartungen der jeweils anderen Seite kennen und verständigen sich darüber. Dadurch werden die Transparenz und die Nachvollziehbarkeit des Verfahrens für den Mitarbeiter sichergestellt.

Wesentliche Voraussetzung für ein Beurteilungsgespräch ist eine intensive Vorbereitung.

TIPP

Führen Sie kein Beurteilungsgespräch, wenn Sie nur unzureichend vorbereitet sind. Bedenken Sie die Chancen und Risiken, die aus einem Beurteilungsgespräch resultieren können! Leichtfertige und oberflächliche Beurteilungen können sich ideell und materiell auf den Beurteilten auswirken.

Checkliste: Sind Sie gut vorbereitet?	Ja	Nein
▪ Habe ich regelmäßig und fortlaufend beobachtet?		
▪ Habe ich meine Beobachtungen während des Beurteilungszeitraums durchgeführt?		
▪ Liegt meiner Bewertung eine ausreichende Anzahl von Einzelbeobachtungen zugrunde?		

- Habe ich meine Beobachtungsprotokolle regelmäßig geführt?
- Habe ich meiner Beurteilung den richtigen Bewertungsmaßstab zugrunde gelegt?
- Habe ich mich von meinen Idealvorstellungen leiten lassen?
- Kann ich Beurteilungsfehler weitestgehend ausschließen?
- Bin ich in der Lage, meine Bewertungen sachlich zu begründen und zu erläutern?
- Habe ich den Mitarbeiter rechtzeitig über den Termin des Beurteilungsgespräches informiert?
- Habe ich dem Mitarbeiter ausreichend Zeit gegeben, um sich seinerseits auf das Gespräch vorzubereiten?

Die Regeln für eine erfolgreiche Gesprächsführung sowie Ablauf und Inhalt des Beurteilungsgesprächs sind im ersten Teil des Buches ausführlich dargestellt.

6.5 Beurteilungsbogen

Das Ergebnis der Beurteilung wird schriftlich festgehalten. Bei der Anwendung der freien Beurteilung ist der Beurteiler an kein vorgegebenes Formular gebunden. Der Beurteiler selbst entscheidet über die Wahl seiner Beurteilungskriterien, seines Bewertungsmaßstabes und den Aufbau der Beurteilung. Die Ausprägungen der Beurteilungskriterien werden verbal beschrieben. Der Charakter einer solchen Beurteilung ist insofern eher mit dem eines Gutachtens oder Zeugnisses vergleichbar.

Bei der gebundenen Beurteilung werden dem Beurteiler die Bewertungsmaßstäbe und die Beurteilungskriterien in einem Beurteilungsbogen vorgegeben. Der Beurteiler hat auf diese Vorgaben keinen Einfluss. In der Regel wird die Skala der Fertigkeiten und Kenntnisse auf einige wenige Grundbereiche reduziert. Dem Beurteiler wird damit der Vorgang des Beurteilens erleichtert. Ein Hauptvorteil der gebundenen Beurteilung liegt in der einheitlichen Vorgehensweise, die zusätzlich die Vergleichbarkeit verschiedener Beurteilungen sicherstellt. Dadurch können die Ergebnisse der Beurteilungen zu statistischen Auswertungen, z. B. Strukturuntersuchungen oder der Ermittlung unternehmensspezifischer Durchschnittswerte herangezogen werden. Außerdem können auf Grundlage der gewonnenen Daten kurzfristig Entscheidungen entsprechend der mit der Mitarbeiterbeurteilung verfolgten Zielsetzung herbeigeführt werden.

Je nach Art des praktizierten Verfahrens wird der Beurteilungsbogen entweder vom Vorgesetzten allein ausgefüllt oder teilweise bzw. ganz im Beisein des Mitarbeiters während des Beurteilungsgesprächs. Der Beurteilungsbogen kann außerdem als Orientierungshilfe bei der Vorbereitung des Beurteilungsgesprächs herangezogen werden; im Gespräch kann er als Strukturierungshilfe genutzt werden.

Bei der Entwicklung eines Beurteilungsbogens können Sie das folgende Gliederungsschema als Orientierungshilfe heranziehen.

Mögliche Inhalte eines Beurteilungsbogens

	Gebundene Beurteilung - Gliederungsschema	Zielsetzung
I	Persönliche Angaben ▪ Name, Vorname des Beurteilten ▪ Personalnummer des Beurteilten ▪ Geburtsdatum des Beurteilten ▪ Beurteilungszeitraum ▪ Name des Beurteilers/Vorgesetzten	Die vollständigen Angaben im „Kopf" der Beurteilung erleichtern der Personalabteilung die Bearbeitung der Beurteilungsbogen (Auswertung z. B. Ableitung des Schulungsbedarfs, Ablage in der Personalakte).
II	Angaben zur Funktion des Beurteilten ▪ Abteilung ▪ Funktionsbezeichnung/Stellenbezeichnung ▪ Kurze Funktionsbeschreibung (Aufgabeninhalte)	Die tatsächlich zu erfüllenden Aufgaben sind vom Beurteiler als Maßstab für die Beurteilung heranzuziehen.
III	Leistungsbeurteilung Bei der eigentlichen Leistungsbeurteilung werden die Beurteilungskriterien und Bewertungsskalen vorgegeben.	Zur Sicherstellung einer einheitlichen Interpretation der Beurteilungskriterien durch den Beurteiler können Hinweise zu ihrem Verständnis in den Beurteilungsbogen oder in einer separaten Handanweisung aufgenommen werden.
IV	Gesamtbeurteilung Der Beurteiler ist aufgefordert, eine zusammenfassende Darstellung der Gesamtleistung auf Grundlage der Beurteilungskriterien verbal zu formulieren. Die gebundene Beurteilung wird etwas aufgelockert.	Der Beurteiler hat die Möglichkeit, seine Erläuterungen gezielt auf die besonders ausgeprägten Eigenschaften des Beurteilten abzustellen.

V	Potenzialbeurteilung/ -einschätzung Sie ist zukunftsorientiert. Der Beurteiler ist aufgefordert, die Eignung und Neigung des Mitarbeiters für die Übernahme zusätzlicher Aufgaben in der Zukunft zu bewerten.	Der Beurteiler kann konkrete Vorschläge für den künftigen Einsatz des Mitarbeiters unterbreiten z. B. job enlargement, job enrichment, job rotation. Im Rahmen der Potenzialbeurteilung sollte der Nutzen für das Unternehmen erkennbar sein.
VI	Zielvereinbarung Zielvereinbarungen können sich sowohl auf jetzige als auch auf zukünftige Aufgabeninhalte beziehen.	Der Beurteiler kann mit dem Beurteilten konkrete Leistungsziele vereinbaren oder geeignete Fördermaßnahmen zur beruflichen Weiterentwicklung empfehlen.
VII	Stellungnahme des Mitarbeiters Der Beurteilte ist aufgefordert, die aus seiner Sicht vorhandenen Fertigkeiten und Kenntnisse, Stärken und Schwächen und die notwendigen Fördermaßnahmen darzulegen.	Die Stellungnahme zielt auf die ausreichende Berücksichtigung der persönlichen Meinung des Beurteilten.
VIII	Abschließende Angaben ▪ Datum der Beurteilung ▪ Unterschrift des Beurteilers ▪ Unterschrift des Beurteilten	Die Unterschriften am „Fuß" der Beurteilung dokumentieren das Einverständnis des Beurteilten.

Tab. 6.14: Mögliche Inhalte eines Beurteilungsbogens

Je nach Zielsetzung der Mitarbeiterbeurteilung sind weitere Angaben, z. B. Tarifgruppe, Höhe des Entgelts, Dauer der Tätigkeit in der jetzigen Funktion usw., aufzunehmen. Die gebundene Beurteilung ist nicht mehr geeignet, wenn auf die Individualität des Beurteilten abgestellt werden soll, da in dieser Form der Darstellung persönliche Eigenschaften gänzlich unberücksichtigt bleiben.

Der abgedruckte Beurteilungsbogen stammt aus einem mittelständischen Industriebetrieb. Er wird sowohl für die gewerblichen Arbeitnehmer als auch für Mitarbeiter im Angestelltenverhältnis eingesetzt.

Bei der Aufstellung der Beurteilungskriterien hat sich das Unternehmen an vier Unternehmens-Leitmotiven orientiert. Sie werden im Rahmen der Leistungsbeurteilung als Überschriften zu den sie konkretisierenden Beurteilungskriterien verwendet. Die gemeinsam erarbeiteten Ergebnisse des Beurteilungsgesprächs werden auf dem Beurteilungsbogen schriftlich festgehalten. Weichen die Bewertung des Vorgesetzten und die Selbsteinschätzung des Mitarbeiters voneinander ab, so besteht die Möglichkeit, diese auf dem Beurteilungsbogen kenntlich (V = Bewertung des Vorgesetzten, M = Selbsteinschätzung des Mitarbeiters) zu machen.

Beurteilungsbogen						
Personalleitung	Mitarbeiterbeurteilung					Datum:
Mitarbeiter(in) — Pers.Nr.	Abteilung — KSt.					Vorgesetzter
Leistungsverhalten						
Merkmale/Kriterien	Ausprägung:					Bemerkungen
	1 sehr stark *2 stark* *3 befriedigend*			*4 schwach* *5 sehr schwach*		
Professionalität	1	2	3	4	5	
Fachwissen	☐	☐	☐	☐	☐	
Übersicht	☐	☐	☐	☐	☐	
Umsetzungsstärke	☐	☐	☐	☐	☐	
Selbstständigkeit *(für Führungskräfte)*	☐	☐	☐	☐	☐	
Entscheidungsfreude	☐	☐	☐	☐	☐	
Delegationsbereitschaft	☐	☐	☐	☐	☐	
Überzeugungsfähigkeit	☐	☐	☐	☐	☐	
Mitarbeiterförderung	☐	☐	☐	☐	☐	
Verantwortlichkeit						
Zielstrebigkeit	☐	☐	☐	☐	☐	
Zuverlässigkeit	☐	☐	☐	☐	☐	
Qualitätsbewusstsein	☐	☐	☐	☐	☐	
Kostenverhalten	☐	☐	☐	☐	☐	
Begeisterung						
Arbeitseinstellung	☐	☐	☐	☐	☐	
Aktivität	☐	☐	☐	☐	☐	
Initiative	☐	☐	☐	☐	☐	
Weiterbildungsverhalten	☐	☐	☐	☐	☐	
Solidarität						
Kollegialität	☐	☐	☐	☐	☐	
Information	☐	☐	☐	☐	☐	

Umgangsformen	□	□	□	□	□
Teamfähigkeit	□	□	□	□	□

Potenzialschätzung	
Entwicklungsziele:	Eigenschaften und Fähigkeiten:
❶ Wollen Sie sich weiterentwickeln?	
□ ja □ nein	
❷ Wenn ja, in welchem Zeitraum?	
□ kurz- □ mittel- □ langfristig	
❸ Welche Funktionen streben Sie an?	

Zielvereinbarungen	
Datum, Unterschrift Vorgesetzter	Datum, Unterschrift Mitarbeiter/in

Tab. 6.15: Beurteilungsbogen

Die einheitliche Interpretation der Beurteilungskriterien durch die Beurteiler und die Beurteilten wird durch die Zuordnung konkreter Beispiele in einer separaten Handanweisung sichergestellt.

Handanweisung zur Mitarbeiterbeurteilung		
Personalabteilung Mitarbeiterbeurteilung		
Erläuterungen zum Leistungsverhalten		
Beurteilungs-merkmal	Definition	Beispiel
Fachwissen	Die zur Erfüllung der Aufgaben erforderlichen Kenntnisse und Fähigkeiten.	Ist in seinem Fachgebiet auf dem Laufenden.

Übersicht	Das Erkennen und Beherrschen der zur Ausübung der Tätigkeit relevanten Zusammenhänge.	Denkt mit, wenn nötig auch über den eigenen Bereich hinaus.
Umsetzungsstärken	Das unmittelbare und zielgerichtete Verwirklichen der anfallenden Aufgaben.	Packt das Notwendige an und bringt es zu Ende.
Selbstständigkeit	Die Fähigkeit, sein Arbeitspensum ohne die Hilfe durch Vorgesetzte bzw. Kollegen zu erledigen.	Versucht die Probleme zuerst selbst zu lösen.
Entscheidungsfreude	Die zum reibungslosen Fortgang der anstehenden Aufgaben erforderlichen Entschlüsse rasch zu fassen und zu verwirklichen.	Sieht das Problem und löst es, indem er seinen Entscheidungsspielraum voll ausnutzt.
Delegationsbereitschaft	Die Mitarbeiter durch Übertragung qualifizierter Arbeiten zur eigenverantwortlichen Tätigkeit zu veranlassen.	Macht nicht alles selbst, sondern bindet die Mitarbeiter aktiv ein.
Überzeugungsfähigkeit	Die Befähigung, seine fachlichen Entscheidungen und Auffassungen den Mitarbeitern in sachlicher Form verständlich und nachvollziehbar zu machen.	Hat ein sicheres und motivierendes Auftreten, das bei den Mitarbeitern auf Akzeptanz trifft.
Mitarbeiterförderung	Das Ausschöpfen der betrieblichen Möglichkeiten, die Mitarbeiter persönlich und fachlich weiterzuentwickeln.	Führt Mitarbeitergespräche, um die Bedürfnisse und Wünsche zu erfahren und die geeigneten Maßnahmen zu veranlassen.
Zielstrebigkeit	Das Bemühen, seine Aufgaben auf rationelle Weise zu erfüllen.	Hält sich nicht mit Unwesentlichem auf.
Zuverlässigkeit	Die Gewissheit, auf die sorgfältige und termingerechte Erledigung der Aufgaben durch den Mitarbeiter vertrauen zu können.	Die Arbeitsergebnisse können ungeprüft übernommen werden.
Qualitätsbewusstsein	Das Bestreben des Mitarbeiters, seine Arbeit frei von Fehlern zu erledigen.	Legt Wert auf einwandfreie Arbeitsergebnisse.
Kostenverhalten	Der rationelle und sparsame Umgang mit Betriebsmitteln und Material.	Achtet bei seiner Tätigkeit stets auf die kostengünstigste Variante.

Arbeits-einstellung	Die aufgrund äußeren Verhaltens erkennbare Haltung gegenüber Unternehmen, Arbeitsinhalten und Abläufen.	Identifiziert sich mit dem Unternehmen und mit seiner Tätigkeit.
Aktivität	Die Fähigkeit, sich auf unterschiedliche Anforderungen rasch einzustellen und die übertragenen Aufgaben zügig zu erledigen.	Braucht auf neue Aufgaben nicht erst vom Vorgesetzten eingestimmt zu werden.
Initiative	Das Ausführen von Arbeitsaufgaben aus eigenem Antrieb.	Wartet nicht, bis er förmlich aufgefordert wird.
Weiter-bildungs-verhalten	Die Aufgeschlossenheit gegenüber den betrieblichen Angeboten einschließlich der Bereitschaft, Zeit und Energie in die eigene Weiterbildung zu investieren.	Nimmt die betrieblichen Angebote wahr und informiert über die Inhalte und die Art der Präsentation.
Kollegialität	Die Bereitschaft, gegenüber den Kollegen aufgeschlossen zu sein und sie in kooperativer Weise zu unterstützen.	Geht auf die Kollegen zu und bleibt auch bei Kritik auf sachlicher Ebene.
Information	Die Weitergabe der zur Ausübung der Tätigkeit erforderlichen Fakten.	Beschränkt sich auf sachliche Informationen und holt diese gegebenenfalls selbst ein.
Umgangsformen	Die Beachtung der Grundregeln, die für ein gedeihliches Miteinander unentbehrlich sind.	Hat sich in Wortwahl und Gestik stets unter Kontrolle.
Teamfähigkeit	Die Befähigung, seine Fachkenntnisse in ein Team einzubringen und sich persönlich in dieses zu integrieren.	Drängt sich nicht in den Vordergrund, lässt andere ausreden und sucht Fehler zuerst bei sich

Tab. 6.16: Handanweisung zur Mitarbeiterbeurteilung

Dem Mitarbeiter werden zur Vorbereitung auf das Beurteilungsgespräch auf einem gesonderten Bogen die Beurteilungskriterien der Leistungsbeurteilung und die Handanweisung zur Verfügung gestellt. Ziel ist es, im Rahmen des Beurteilungsgespräches das Fremdbild des Vorgesetzten und das Selbstbild des Mitarbeiters gegenseitig auszutauschen.

Vorbereitung auf das Beurteilungsgespräch						
Personalleitung	Mitarbeiterbeurteilung					Datum:
Bitte verwenden Sie dieses Formular zu Ihrer Vorbereitung auf das bevorstehende Beurteilungsgespräch. Das Formular dient ausschließlich Ihrer eigenen Verwendung.						
Bitte schätzen Sie Ihr Leistungsverhalten anhand der folgenden Kriterien ein:						
Merkmale/Kriterien	Ausprägung:					Bemerkungen
	1 sehr stark *2 stark* *3 befriedigend*		*4 schwach* *5 sehr schwach*			
Professionalität	1	2	3	4	5	
Fachwissen	□	□	□	□	□	
Übersicht	□	□	□	□	□	
Umsetzungsstärke	□	□	□	□	□	
Selbstständigkeit *(für Führungskräfte)*	□	□	□	□	□	
Entscheidungsfreude	□	□	□	□	□	
Delegationsbereitschaft	□	□	□	□	□	
Überzeugungsfähigkeit	□	□	□	□	□	
Mitarbeiterförderung	□	□	□	□	□	
Verantwortlichkeit						
Zielstrebigkeit	□	□	□	□	□	
Zuverlässigkeit	□	□	□	□	□	
Qualitätsbewusstsein	□	□	□	□	□	
Kostenverhalten	□	□	□	□	□	
Begeisterung						
Arbeitseinstellung	□	□	□	□	□	
Aktivität	□	□	□	□	□	
Initiative	□	□	□	□	□	
Weiterbildungsverhalten	□	□	□	□	□	
Solidarität						
Kollegialität	□	□	□	□	□	
Information	□	□	□	□	□	

Umgangsformen	☐	☐	☐	☐	☐
Teamfähigkeit	☐	☐	☐	☐	☐

Nachfolgend haben Sie Gelegenheit für persönliche Anmerkungen, die Sie gerne im Gespräch ansprechen möchten.

Tab. 6.17: Vorbereitung auf das Beurteilungsgespräch

6.6 Beurteilungsfehler

Das Ergebnis jeder Mitarbeiterbeurteilung kann durch Beurteilungsfehler gemindert werden. Beurteilungsfehler beruhen auf subjektiven Einflüssen (Gefühle, Werte, Wünsche, Vorstellungen), die in jeden Beurteilungsprozess einfließen. Jede Beurteilung ist somit mehr oder weniger subjektiv von der Person des Beurteilers geprägt.

Beurteilungsfehler wirken sich unbewusst und damit unkontrolliert auf den Beurteilungsprozess und das Ergebnis der Beurteilung aus. Folglich kann auch das beste Beurteilungssystem nicht absolut fehlerfrei praktiziert werden. Die Gefahr von Fehleinschätzungen kann zwar durch die Kenntnis möglicher Fehlerquellen gemindert, jedoch nie völlig ausgeschaltet werden.

TIPP

Streben Sie eine Minimierung der Fehlermöglichkeiten an, indem Sie sich die verschiedenen Fehlerquellen bewusst machen!

Nach ihrem Ursprung lassen sich verschiedene Gruppen von Beurteilungsfehlern unterscheiden.

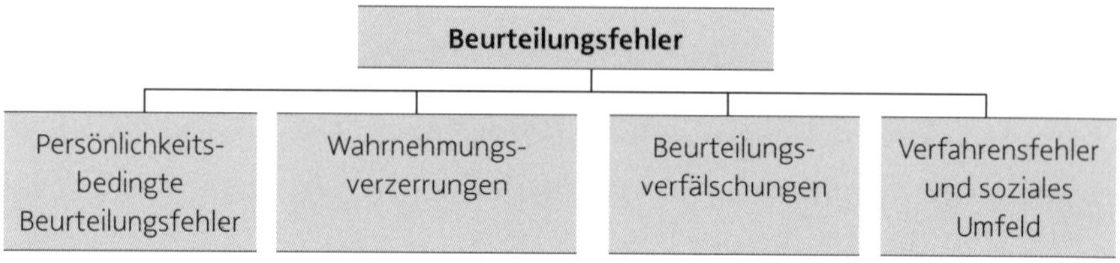

Persönlichkeitsbedingte Beurteilungsfehler liegen in der Person des Beurteilers:

Fehler	Eigenschaft	Tipp
Erster Eindruck	Jeder Mensch zieht voreilig, innerhalb weniger Sekunden, Rückschlüsse auf die Persönlichkeit seines Mitmenschen. In der Regel findet dieser Ersteindruck unter einer verstärkten Gefühlsbeteiligung statt, die insbesondere durch die äußeren Merkmale eines Menschen verursacht wird. *„Dicke sind gemütlich!"*	Richten Sie Ihr Augenmerk auf die Regeln der Beobachtung! Vermeiden Sie den Ersteindruck oder Vorurteile, indem Sie Ihren Mitarbeiter stets über einen langen Zeitraum in den unterschiedlichsten Situationen beobachten. Halten Sie das beobachtete Verhalten des Mitarbeiters stets schriftlich fest! Führen Sie Ihre Beobachtungsprotokolle kontinuierlich!
Vorurteile	Kein Mensch ist frei von Vorurteilen. Vorurteile verkörpern Verallgemeinerungen und stellen folglich nicht auf die individuelle Persönlichkeit des Beurteilten ab. Sie entstehen durch die Meinungsbildung Dritter, aufgrund vorangegangener Beurteilungen oder aufgrund der Zuordnung bestimmter Eigenschaften auf Mitarbeitergruppen, Abteilungen, Nationalitäten usw. *„Mitarbeiter in der Produktion sind weniger gebildet!"*	
Sympathie und Antipathie	Sympathie und Antipathie zählen zu den normalen Gefühlserscheinungen, die sich nicht per Knopfdruck ausschalten lassen. Sie beeinflussen die Beurteilung aus dem Unterbewusstsein heraus und führen zu einer unkontrollierbaren Beurteilungspraxis.	Stellen Sie fest, wer Ihnen aus welchem Grund sympathisch oder unsympathisch ist! Lassen Sie sich in Ihrem Urteil dadurch nicht beeinflussen!

Fehler	Eigenschaft	Tipp
Projektionsfehler	Der Beurteiler projiziert seine eigenen Fähigkeiten, Stärken oder Schwächen in den Mitarbeiter hinein. Er legt damit der Beurteilung seinen persönlichen Maßstab zugrunde. Der Beurteiler wird folglich den Mitarbeiter besser bewerten, dessen Eigenschaften seinen eigenen entsprechen.	Werden Sie sich Ihrer eigenen Stärken und Schwächen bewusst! Suchen Sie diese nicht beim Mitarbeiter!
Bezugspersonen-Effekt	Der Beurteiler übernimmt die Beurteilung seines Vorgesetzten. Er orientiert seine Beurteilung bewusst oder unbewusst nach der Einstellung seines Vorgesetzten und verfälscht somit sein eigenes Urteil.	Analysieren Sie den Führungsstil Ihres Vorgesetzten und das Klima in Ihrer Abteilung!

Wahrnehmungsverzerrungen entstehen bei der Informationsaufnahme und Informationsverarbeitung durch den Beurteiler:

Fehler	Eigenschaft	Tipp
Überstrahlungs-Effekt (Halo-Effekt)	Der Beurteiler bewertet einen Mitarbeiter hinsichtlich eines Merkmals besonders positiv oder besonders negativ und zieht aufgrund dieser Einzelbewertung den Rückschluss auf das Gesamtbild des Mitarbeiters. Diese Gefahr tritt insbesondere dann auf, wenn der Mitarbeiter über stark ausgeprägte Eigenschaften verfügt.	Bewerten Sie alle Mitarbeiter zuerst hinsichtlich des ersten Beurteilungskriteriums, dann hinsichtlich des zweiten Beurteilungskriteriums usw.
Recency-Effekt und Nikolaus-Effekt	Der Beurteiler legt seinem Urteil die erst kürzlich erbrachte Leistung des Mitarbeiters zugrunde. Damit wird die während der gesamten Beurteilungsperiode erbrachte Leistung unterbewertet. Leistungssteigerungen und Verhaltensänderungen der Mitarbeiter gegen Ende der Beurteilungsperiode sind mögliche Konsequenzen, die ihrerseits zu einer Überbewertung der Leistung eines Mitarbeiters führen.	Beobachten Sie Ihre Mitarbeiter regelmäßig und fortlaufend während der gesamten Beurteilungsperiode! Folgen Sie den Regeln der Beobachtung und halten Sie das beobachtete Verhalten schriftlich fest!
Kleber-Effekt	Der Beurteiler orientiert seine Beurteilung an der bisherigen Laufbahn des Mitarbeiters und „klebt“ folglich an vorangegangenen Beurteilungen.	Machen Sie sich stets Ihr eigenes Bild von der Leistung und dem Verhalten eines Mitarbeiters.

Fehler	Eigenschaft	Tipp
Hierarchie-Effekt	Der Beurteiler bewertet Mitarbeiter der höheren Hierarchieebenen tendenziell besser als Mitarbeiter unterer Hierarchieebenen. *„Es gibt sowohl gute Arbeiter als auch schlechte Prokuristen.“* Akademische Titel oder andere Auszeichnungen können ähnliche Konsequenzen nach sich ziehen.	Werden Sie sich bewusst, dass die erbrachte Leistung eines Mitarbeiters nicht in unmittelbarem Zusammenhang zu seiner Hierarchieebene steht.
Selektive Wahrnehmung (Einzel vorfälle)	Der Beurteiler nimmt nur einen Teil der Geschehnisse wahr. Er bewertet einzelne Vorfälle, ob positiv oder negativ, in seiner Beurteilung mit größerem Gewicht.	Berücksichtigen Sie positive wie negative Eigenschaften gleichermaßen und halten Sie diese schriftlich auf dem Beobachtungsprotokoll fest.

Beurteilungsverfälschungen entstehen, wenn der Beurteiler bewusst sein Urteil manipuliert. Mögliche Ansatzpunkte für solche Beurteilungsverfälschungen sind:

- Der Beurteiler hat die Absicht, einen Mitarbeiter aufgrund gemeinsamer Interessen zu begünstigen oder wegen persönlicher Schwierigkeiten zu benachteiligen.
- Der Beurteiler verwehrt einem Mitarbeiter vorsätzlich die Möglichkeit der beruflichen Weiterentwicklung, damit er der Abteilung erhalten bleibt.
- Der Beurteiler beabsichtigt, einen Mitarbeiter für eine andere vakante Stelle „wegzuloben“, um seine eigene Position nicht zu gefährden.
- Der Beurteiler hat die Absicht, dem Image eines „guten“ Vorgesetzten gerecht zu werden.
- Der Beurteiler hat Angst vor den möglichen Konsequenzen, die aus der Beurteilung resultieren. Er scheut schlechte Beurteilungen, um Mitarbeiter nicht zu demotivieren, und neigt absichtlich zu ausgewogenen Beurteilungen, um eine möglichst konfliktfreie Atmosphäre zu schaffen.

TIPP

Sie vermeiden Beurteilungsverfälschungen weitestgehend, indem Sie dem Mitarbeiter Offenheit entgegenbringen. Ein intensiver Informationsaustausch ist die Grundlage einer vertrauensvollen Zusammenarbeit und folglich einer gerechten Beurteilung.

Fehlerhafte Beurteilungsverfahren stellen eine weitere mögliche Fehlerquelle dar. Mögliche Ursachen sind z. B. die Auswahl der „falschen“ Beurteilungskriterien oder schwerwiegende Fehler bei der Einführung des Verfahrens. Auch das *soziale Umfeld* kann sowohl den Beurteiler als auch den Beurteilten nachhaltig beeinflussen. Private Umstände und betriebliche Faktoren können Verhaltensänderungen hervorrufen, die sich ihrerseits auf die Leistungsbereitschaft und folglich auf das Leistungsergebnis des Mitarbeiters auswirken.

TIPP

Werden Sie sich darüber bewusst, inwieweit Sie durch private oder betriebliche Umstände beeinflusst werden. Informieren Sie sich zusätzlich auch über das soziale Umfeld des Mitarbeiters!

Wie können Sie *Beurteilungsfehler weitgehend vermeiden*? Die Kenntnis möglicher Fehlerquellen als Hilfe zur Fehlerminimierung wurde schon genannt. Eine weitere Möglichkeit ist die Überprüfung der Beurteilung mithilfe der Gaußschen Normalverteilung.

Der Gaußschen Normalverteilung liegt die Annahme zugrunde, dass viele Menschen durchschnittlich begabt oder befähigt sind, jedoch nur wenige extrem gute oder extrem schlechte Fähigkeiten besitzen. Folglich müssen sich auch die Beurteilungsergebnisse entsprechend einer Normalverteilung verhalten. Bei einer größeren Anzahl von Mitarbeitern werden viele Mitarbeiter durchschnittlich eingestuft (anhand von mittleren Skalenstufen), aber nur wenige werden extrem positiv oder extrem negativ bewertet. Ziel der Mitarbeiterbeurteilung ist es, auf die natürliche Verteilung der arbeitsplatzbezogenen Fähigkeiten abzustellen und diese in der Beurteilung wiederzugeben. Je objektiver ein Vorgesetzter beurteilt, umso stärker nähern sich seine Beurteilungsergebnisse der Gaußschen Normalverteilung.

TIPP

Überprüfen Sie bei einer größeren Anzahl von Beurteilungen, ob die Werte der durchgeführten Beurteilungen die Gaußsche Normalverteilung ergeben! Ermitteln Sie, was für ein Beurteilertyp Sie sind und überprüfen Sie ggf. Ihre Beurteilungen. Die „Tendenz zur Mitte“ vermeiden Sie durch das Rangordnungsverfahren, welches den Beurteiler veranlasst, eine Differenzierung des Mittelfeldes vorzunehmen.

Beurteilertypen		
Beurteilertyp		Beurteilungstendenz
Der objektive Beurteiler erfasst unter Berücksichtigung der Anforderungen des Arbeitsplatzes das Leistungsergebnis und Leistungsverhalten der Mitarbeiter. Er bewertet fair und scheut nicht die Anwendung von Extremwerten. Seine Beurteilungen entsprechen der Gaußschen Normalverteilung.	→	Objektive Beurteilung 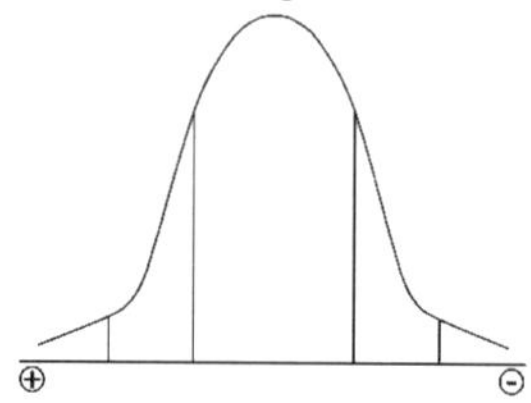
Der nachsichtige Beurteiler bewertet die Mitarbeiter eher zu positiv und hebt dadurch die Beurteilung bewusst oder unbewusst an. Er verwendet fast ausschließlich die oberen Skalenstufen. Möglicherweise setzt er die Anforderungen des Arbeitsplatzes zu niedrig an oder ihm fehlt der Mut, schwächere Mitarbeiter auch schlechter zu beurteilen. Die Verteilungskurve rutscht ins Positive ab.	→	Tendenz zur Milde 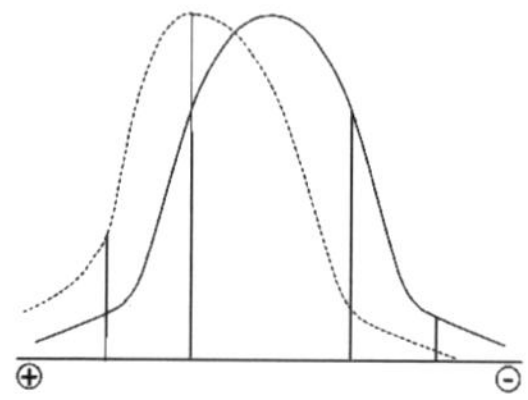
Der strenge Beurteiler verwendet in der Beurteilung seiner Mitarbeiter fast ausschließlich die negativen Skalenstufen. Er betrachtet gute Leistungen als selbstverständlich, nimmt sich selbst als Maßstab. Charakteristisch für ihn ist, gute Leistung als durchschnittlich einzustufen. Ergebnis ist eine Verschiebung der Verteilungskurve zum Negativen.	→	Tendenz zur Strenge 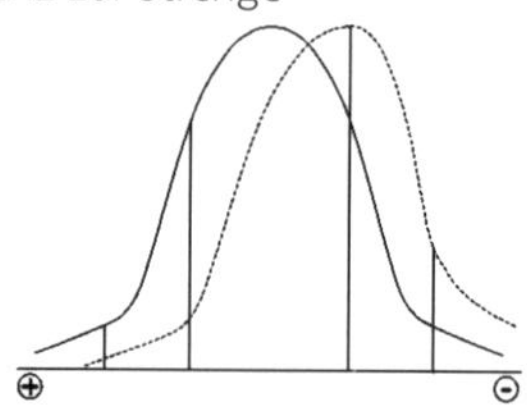
Der vorsichtige Beurteiler stuft die Mitarbeiter überwiegend im Mittelfeld der Bewertungsskala ein. Er besitzt nicht den notwendigen Mut, sich eindeutig festzulegen. Das Ergebnis ist eine zu steile Verteilungskurve.	→	Tendenz zur Mitte 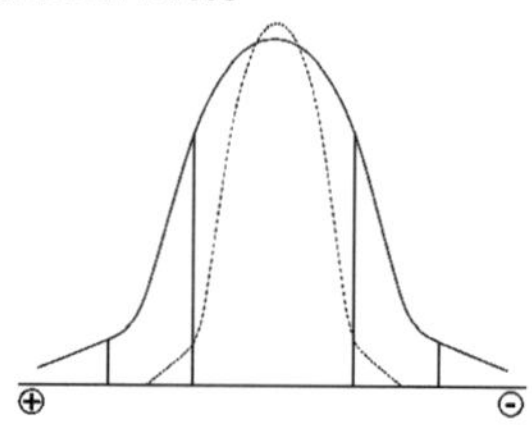

Tab. 6.18: Beurteilertypen

6.7 Anforderungen an die Mitarbeiterbeurteilung

Die Einführung einer systematischen Mitarbeiterbeurteilung birgt Chancen und Risiken in sich. Die Beurteilten empfinden die Beurteilung häufig eher als Bedrohung statt als Unterstützung. So ist gelegentlich die Befürchtung zu hören, dass eine einmalige Fehlleistung dauerhaft festgeschrieben wird.

Die Beurteiler sehen in der Durchführung der Mitarbeiterbeurteilung in erster Linie einen erheblichen zeitlichen Mehraufwand auf sich zukommen. Auch die Furcht, die Ergebnisse der Beurteilung in einem Gespräch mit dem Mitarbeiter vertreten zu müssen, kann zu Ablehnung führen. Die Mitarbeiterbeurteilung wird nur erfolgreich sein, wenn die folgenden Anforderungen erfüllt sind.

Akzeptanz

Die Akzeptanz eines Beurteilungssystems gilt als eine der wichtigsten Erfolgsvoraussetzungen. Sie ist unbedingt erforderlich, wenn die Mitarbeiterbeurteilung zur Leistungssteigerung und Förderung der Mitarbeiter beitragen soll.

TIPP

- **Informieren Sie alle Beteiligten über das geplante Vorhaben, bevor die Mitarbeiterbeurteilung zentrales Thema der „Gerüchteküche“ ist!**
- **Beteiligen Sie Beurteiler, Beurteilte und den Betriebsrat aktiv an der Entwicklung allgemeiner Beurteilungsgrundsätze!**
- **Informieren Sie vor dem erstmaligen Einsatz bereits über Ziele, Inhalte und Ablauf des Verfahrens!**

Praktikabilität

Die Akzeptanz stellt noch keine Garantie für den Erfolg der Mitarbeiterbeurteilung in der Praxis dar. Aufwand und Nutzen müssen in einem vertretbaren Verhältnis zueinander stehen. Aus den Einwänden der Beteiligten ergeben sich zusätzlich die in der folgenden Checkliste enthaltenen Punkte, die über das Funktionieren oder Scheitern des Systems entscheiden.

Checkliste: Voraussetzungen für die Praktikabilität der Mitarbeiterbeurteilung	Ja	Nein
▪ Ist das Verfahren für alle Beteiligten verständlich?		
▪ Sind die Beurteilungskriterien eindeutig formuliert?		
▪ Ist die Anwenderfreundlichkeit durch verständliche Formulare und Handanweisungen sichergestellt?		
▪ Ist die Zahl der Beurteilungskriterien auf ein erträgliches „Muss“ reduziert?		
▪ Kann das Verfahren ohne psychologische Fachkenntnisse der Beurteiler angewendet werden?		
▪ Stimmen das Konzept der Beurteilung und die Hauptzielsetzung überein?		

Die konkrete Ausgestaltung von Mitarbeiterbeurteilungssystemen wird maßgeblich durch ihre Zielsetzung bestimmt:

- Werden die Ergebnisse der Mitarbeiterbeurteilung primär als Basis für eine leistungsbezogene Lohn- und Gehaltsfindung herangezogen, so kommen der objektiven Vergleichbarkeit unter den Beurteilungen und der Verwendung einheitlicher Bewertungsmaßstäbe besondere Bedeutung zu. Wesentliche Voraussetzung ist die Festlegung einer standardisierten Beurteilungsmethode.
- Besteht die Zielsetzung der Mitarbeiterbeurteilung hingegen eher in der Förderung und Entwicklung der Mitarbeiter, sollten zumindest im Bereich der Potenzialbeurteilung Abweichungen von der standardisierten Beurteilung möglich sein. Die Mitarbeiterbeurteilung zielt in solchen Fällen auf eine individuelle Beratung des Mitarbeiters durch den Vorgesetzten.

6.7.1 Schulung

An den Beurteiler werden hohe Anforderungen gestellt, aus denen sich eine Reihe von Qualifizierungsmaßnahmen ableiten. Die Bedeutung des Beurteilertrainings wird in der Praxis häufig unterschätzt. Ein kurzes „Einmaltraining“ ist der Komplexität des Verfahrens nicht angemessen.

Aus betrieblicher Sicht erzielen Sie dann die größten Lerneffekte, wenn Sie die Beurteilerschulung in kleineren, regelmäßig stattfindenden Trainingseinheiten durchführen. Besonders bewährt hat sich ein modularer Trainingsaufbau, der den Teilnehmern Gelegenheit gibt, bereits zwischen den Trainingseinheiten das

Gelernte in die Praxis umzusetzen. Praktische Erfahrungen können schon in den nachfolgenden Trainingseinheiten aufgearbeitet werden. Ein regelmäßig durchgeführter Erfahrungsaustausch bietet die Möglichkeit,

- das Rollenverständnis der Beurteiler zu überprüfen,
- die Akzeptanz des Instruments weiter zu sichern oder
- weiteren Trainingsbedarf gezielt abzuleiten.

Qualifizierung von Beurteilern	
Anforderungen an den Beurteiler ▪ Der Beurteiler steht in ständigem Kontakt zum Beurteilten. ▪ Der Beurteiler kennt die gegenwärtigen Anforderungen des Arbeitsplatzes. ▪ Der Beurteiler kennt das soziale Gefüge des Beurteilten. ▪ Der Beurteiler legt seinem Urteil tatsächlich beobachtete Verhaltensweisen zugrunde. ▪ Der Beurteiler ist sich der Vielzahl möglicher Beurteilungsfehler bewusst. ▪ Der Beurteiler beschränkt sich auf die Beurteilung der Leistung und des Verhaltens, nicht auf die Beurteilung der Persönlichkeit. ↓ Qualifizierung von Beurteilern	
▪ Allgemeine Grundlagen des Beurteilens – Beobachterschulung zur Verbesserung der Wahrnehmungsfähigkeit – Handhabung von Beobachtungsprotokollen	▪ Training, Rollenspiele
▪ Einführung in das konkrete betriebliche Beurteilungsverfahren – Kenntnis der Zielsetzungen, des Nutzens und der Gefahren von Mitarbeiterbeurteilungen – Verständnis der Beurteilungskriterien (Definition, Konkretisierung, Interpretation) – Bewertungsmaßstab (anhand von Stellenbeschreibungen und Anforderungsprofilen) – Anwendung von Bewertungsskalen	▪ Training, Kleingruppenarbeit
▪ Beurteilungsfehler – Ursachen und Auswirkungen von Beurteilungsfehlern – Vermeidung von Beurteilungsfehlern	▪ Training, Einzelfallstudie
▪ Beurteilungsgespräch – Techniken der Gesprächsvorbereitung – Techniken der Gesprächsführung – Aufbau eines Beurteilungsgesprächs – Schwierige Gesprächssituationen – Problemlösungstechniken – Konfliktmanagement (Konflikte erkennen und bewältigen)	▪ Training, Einzelfallstudie Rollenspiele
▪ Ständiger Erfahrungsaustausch zur Auf- und Nachbereitung der Trainingseinheiten	▪ Workshop

Tab. 6.19: Qualifizierung von Beurteilern

Objektivität

Die Forderung nach Objektivität richtet sich insbesondere an die Person des Beurteilers. Subjektive Wahrnehmungsprozesse des Beurteilers können im Beurteilungsprozess nicht ausgeschaltet werden. Individuelle Einstellungen, Erwartungen, Emotionen, Motive und Stimmungen des Beurteilers bewerten die aufgenommenen Informationen und beeinflussen das Urteil maßgeblich. Dies bedeutet, dass in der Praxis nie ein völlig objektives Urteil erreicht werden kann. Der Beurteiler kann unter den folgenden Voraussetzungen immer nur eine Annäherung an ein objektives Urteil erzielen:

- Er vermeidet unkontrollierbare Einflüsse, z. B. Zeitdruck, erregte Stimmung usw.
- Er bereitet sich sorgfältig auf das Beurteilungsgespräch vor, d. h., er ist in der Lage, das Urteil anhand von Fakten zu begründen.
- Er ist sich der Beurteilungsfehler bewusst und arbeitet aktiv an der Verbesserung seiner eigenen Urteilsfähigkeit.
- Er steigert die Quantität und Qualität seiner Einzelbeobachtungen.
- Er trifft keine voreiligen Urteile.
- Er korrigiert im Bedarfsfall ein getroffenes Urteil.

! WICHTIG

Die Anwendung von Beurteilungsformularen steigert in erheblichem Maße die Objektivität der Beurteilung!

6.8 Einführung der Mitarbeiterbeurteilung

Der Art und Weise, wie ein Mitarbeiterbeurteilungssystem als Instrument der Personalführung im Unternehmen eingeführt wird, kommt eine entscheidende Bedeutung zu. Wesentliche Voraussetzung für den Erfolg einer Mitarbeiterbeurteilung ist ein offenes Betriebsklima, das dazu beiträgt, die Angst sowohl beim Beurteiler als auch beim Beurteilten zu reduzieren. Der offene und intensive Informationsaustausch sowie eine vertrauensvolle Zusammenarbeit fördern die positive Erwartungshaltung bei den Vorgesetzten und Mitarbeitern.

Die Einführung der Mitarbeiterbeurteilung erfordert eine Vielzahl unterschiedlicher Aktivitäten. Nachfolgende Checkliste verdeutlicht anhand von fünf Stadien die jeweils notwendigen Maßnahmen. Die begleitenden Aktionen, die insbesondere auf die Transparenz und Praktikabilität des Verfahrens zielen, werden gesondert ausgewiesen nach dem Motto „Betroffene zu Beteiligten machen".

Checkliste: Einführung der Mitarbeiterbeurteilung

Stadium	Maßnahmen	Begleitende Aktionen
Konzeption	▪ Berücksichtigen Sie die Unternehmensziele ▪ Ermitteln Sie das Betriebsklima und den praktizierten Führungsstil im Unternehmen! ▪ Stimmen Sie die Beurteilungsziele mit den Unternehmenszielen ab! ▪ Bilden Sie sich einen Überblick über die im Unternehmen bereits existierenden personalwirtschaftlichen Instrumente!	▪ Beziehen Sie Vorgesetzte, Mitarbeiter und Betriebsrat von Anfang an mit ein zur Sicherung der Akzeptanz!
Entwicklung	▪ Definieren Sie die Zielgruppe der Beurteiler und Beurteilten! ▪ Legen Sie das Beurteilungsverfahren fest! ▪ Bestimmen Sie die Bezugsbasis der Beurteilung! ▪ Gestalten Sie die erforderlichen Formulare! ▪ Legen Sie die „Spielregeln" des Beurteilungsverfahrens fest! (Vorgehensweise, Terminierung, Beurteilungsgespräche) ▪ Erstellen Sie ein Konzept zur Auswertung der Ergebnisse! ▪ Schließen Sie eine Betriebsvereinbarung ab!	▪ Bilden Sie eine Projektgruppe, die sich aus Vorgesetzten, Mitarbeitern und Vertretern des Betriebsrats zusammensetzt. ▪ Binden Sie diese aktiv in die Ausgestaltung des Beurteilungsverfahrens mit ein. ▪ Starten Sie mit den Schulungen für die Beurteiler! ▪ Informieren Sie die Mitarbeiter über den aktuellen Stand!
Durchführung	▪ Benennen Sie konkrete Ansprechpartner zur Beantwortung von Fragen!	▪ Sichern Sie im Rahmen eines Workshops den Erfahrungsaustausch der Beurteiler!
Auswertung	▪ Überprüfen Sie die Beurteilungen inhaltlich! ▪ Stellen Sie fest, ob die Zielsetzungen des Verfahrens erreicht wurden! ▪ Eruieren Sie ggf. Beurteilungsfehler! ▪ Stellen Sie fest, ob Korrekturmaßnahmen erforderlich sind! ▪ Werten Sie die Beurteilungen aus!	▪ Informieren Sie Vorgesetzte, Mitarbeiter und Betriebsrat über das Ergebnis!

Checkliste: Einführung der Mitarbeiterbeurteilung		
Maßnahmen	▪ Leiten Sie Maßnahmen ein, die in unmittelbarem Zusammenhang zu den Beurteilungen stehen, z. B. – „job rotation“ – Versetzung – Beförderung – Schulungsmaßnahmen – Verbesserung des Arbeitsplatzes – Verbesserung von Arbeitsabläufen ▪ Überprüfen Sie die Einhaltung der Maßnahmen!	▪ Informieren Sie Vorgesetzte, Mitarbeiter und Betriebsrat über die Einleitung von Maßnahmen!

7 Rechtliche Aspekte

Für das Thema Mitarbeitergespräche sind besonders zwei Gesetze relevant: das Betriebsverfassungsgesetz und das im August 2006 in Kraft getretene Allgemeine Gleichbehandlungsgesetz (AGG).

7.1 Das Betriebsverfassungsgesetz

Die Notwendigkeit der Mitarbeiterbeurteilung hat auch der Gesetzgeber erkannt. Der Arbeitgeber hat nach § 81 Absatz 1 BetrVG den Arbeitnehmer über dessen Aufgabe und Verantwortung sowie über die Art seiner Tätigkeit und ihre Einordnung in den Arbeitsablauf des Unternehmens zu unterrichten. Außerdem muss der Arbeitnehmer vor Beginn seiner Beschäftigung über die Unfall- und Gesundheitsgefahren belehrt werden. Diese Pflichten werden im Vorstellungs- und Einführungsgespräch sowie vielfach in einem speziellen Sicherheitsgespräch wahrgenommen.

Darüber hinaus kann der Arbeitnehmer nach § 82 Absatz 2 BetrVG verlangen, dass ihm die Berechnung und Zusammensetzung seines Arbeitsentgelts erläutert und dass mit ihm die Beurteilungen seiner Leistungen sowie die Möglichkeiten seiner beruflichen Entwicklung im Betrieb erörtert werden. Er kann zur Erörterung seiner Beurteilung ein *Mitglied des Betriebsrates hinzuziehen*. Das Mitglied des Betriebsrates unterliegt, was den Inhalt der Beurteilung betrifft, absoluter Schweigepflicht, es sei denn, der betroffene Mitarbeiter entbindet ihn von dieser Verpflichtung. Diese Rechtsvorschrift besagt, dass auch dann, wenn kein formelles Beurteilungsverfahren im Unternehmen existiert, der Mitarbeiter das Recht hat, eine Beurteilung seiner Leistung zu verlangen.

In der betrieblichen Praxis stellt die Einbindung eines Mitglieds des Betriebsrates in das Beurteilungsgespräch eher die Ausnahme dar. Die Beurteilung von Leistung und Verhalten greift doch tief in die Privatsphäre des Einzelnen und wird daher nicht ohne zwingenden Grund einem Dritten zugänglich gemacht. Ein solcher Grund kann z. B. ein nachhaltig gestörtes Vertrauensverhältnis zwischen Vorgesetztem und Mitarbeiter sein.

Nach § 83 Absatz 1 BetrVG haben die Arbeitnehmer das Recht, *ihre Personalakte einzusehen*. Diese enthält in der Regel auch die Aufzeichnungen der Mitarbeiterbeurteilung. Allein diese Rechtsvorschrift begründet die Offenheit und Transparenz eines Beurteilungsverfahrens.

Die §§ 84–86 BetrVG regeln das *Beschwerderecht des Arbeitnehmers*. Fühlt sich der Arbeitnehmer vom Arbeitgeber oder von Arbeitnehmern des Betriebes benachteiligt oder ungerecht behandelt oder in sonstiger Weise beeinträchtigt, so hat er das Recht, sich bei den zuständigen Stellen des Betriebes zu beschweren. Auch in dieser Situation hat er das Recht, ein Mitglied des Betriebsrates hinzuzuziehen. Die Beschwerde darf keine Nachteile für den Arbeitnehmer nach sich ziehen. Kommt eine Einigung zwischen Betriebsrat und Arbeitgeber nicht zustande, so kann der Betriebsrat die Einigungsstelle anrufen. Tarifvertrag oder Betriebsvereinbarung können ergänzende Vereinbarungen über die Einzelheiten des Beschwerdeverfahrens regeln.

Übersicht: Was eine Betriebsvereinbarung regeln sollte
▪ Sinn und Zweck der Mitarbeiterbeurteilung
▪ Zielsetzung und Umfang der Mitarbeiterbeurteilung
▪ Zielgruppe der Mitarbeiterbeurteilung – Personengruppe der Beurteiler – Personengruppe der Beurteilten
▪ Behandlung von älteren Mitarbeitern
▪ Beurteilungszeitraum
▪ Beurteilungszeitpunkt
▪ Beurteilungskriterien
▪ Beurteilungsmaßstab
▪ Beurteilungsgespräch
▪ Schulung der Beurteiler
▪ Aufbewahrung der Beurteilungsergebnisse
▪ Einsichtnahme des Betriebsrates in die Beurteilungsunterlagen
▪ Klärung strittiger Fragen
▪ Verbot der Benachteiligung
▪ Dauer der Betriebsvereinbarung
▪ Kündigungsfrist des Beurteilungsverfahrens

Tab. 7.1: Was eine Betriebsvereinbarung regeln sollte

Der Arbeitgeber ist grundsätzlich in seiner Entscheidung hinsichtlich der Einführung eines Beurteilungsverfahrens frei, sofern das Beurteilungsverfahren nicht bereits tarifvertraglich vereinbart wurde. Auch der Betriebsrat kann die Einführung allgemeiner Beurteilungsgrundsätze nicht vom Arbeitgeber verlangen. Wenn sich der Arbeitgeber jedoch für die Einführung entscheidet, hat der Betriebsrat gemäß § 94 Abs. 2 BetrVG ein Mitbestimmungsrecht bei der Aufstellung allgemeiner Beurteilungsgrundsätze. Er kann diese auch verhindern, wenn keine Einigung hinsichtlich ihrer inhaltlichen Ausgestaltung zustande kommt. Es empfiehlt sich daher die frühzeitige Beteiligung des Betriebsrates bei der Einführung eines Beurteilungsverfahrens.

In der Regel werden Arbeitgeber und Betriebsrat über die Einführung eines Beurteilungsverfahrens eine Betriebsvereinbarung abschließen, in der die Verfahrensrichtlinien zu den wichtigsten Punkten festgelegt sind. Die vorstehende Übersicht enthält die möglichen Inhalte einer Betriebsvereinbarung.

Nachfolgend ist ein Beispiel für eine Betriebsvereinbarung abgedruckt. Die darin erwähnten Anlagen wurden bereits im Kapitel Beurteilungsbogen dargestellt.

Betriebsvereinbarung Nr. … /Jahr

Zwischen dem (Arbeitgeber) ______________________________

und der ______________________________

______________________________ (Arbeitnehmervertretung)

wird über die Einführung einer standardisierten Mitarbeiterbeurteilung (Leistungsverhalten, Potenzialeinschätzung, Zielvereinbarungen) folgende Betriebsvereinbarung abgeschlossen:

§ 1 Geltungsbereich

Diese Betriebsvereinbarung gilt für alle Mitarbeiterinnen und Mitarbeiter im Angestelltenverhältnis am (Standort), sofern sie nicht leitende Angestellte sind. Sie gilt nicht für Auszubildende und befristet Beschäftigte.

§ 2 Grundsatz

(1) Die Mitarbeiterbeurteilung dient dem Ziel, den Mitarbeitern in periodischen Abständen (§ 4 Absatz 1) eine Standortbestimmung über ihre Leistung und ihre Entwicklungschancen im Unternehmen zu ermöglichen sowie konkrete Zielvereinbarungen mit ihrem Vorgesetzten zu treffen.

(2) Demgemäß erstreckt sich die Mitarbeiterbeurteilung auf

- das Leistungsverhalten,
- die Potenzialeinschätzung,
- den Abschluss von Zielvereinbarungen

nach Maßgabe der nachfolgenden Regelungen.

Betriebsvereinbarung Nr. ... /Jahr

§ 3 Gesprächsgrundlage

(1) Die Mitarbeiterbeurteilung erfolgt auf der Grundlage des Formblattes gemäß Anlage 1, das vom Vorgesetzten und Mitarbeiter gemeinsam ausgefüllt wird.
(2) Die Beurteilungsmerkmale zum Leistungsverhalten können unter Heranziehung aufgabenbezogener Hilfskriterien entsprechend Anlage 2 spezifiziert werden. Richtschnur hierfür bilden die Erläuterungen nach Anlage 3.
(3) Zur Vorbereitung auf das Gespräch erhält der Mitarbeiter von seinem Vorgesetzten spätestens eine Woche vor dem Gesprächstermin das Formular nach Anlage 4 ausgehändigt. Auf ihm hat der Mitarbeiter Gelegenheit, im Wege der Selbsteinschätzung sein Leistungsverhalten zu beurteilen.
(4) Können sich Vorgesetzter und Mitarbeiter nicht auf eine gemeinsame Beurteilung einigen, so werden die divergierenden Auffassungen in der Weise zum Ausdruck gebracht, dass der Vorgesetzte seine Einschätzung in dem betreffenden Beurteilungsmerkmal durch ein „V", der Mitarbeiter sein Votum durch ein „M" kennzeichnet. Im übrigen ist die entsprechende Ziffer des Ausprägungsgrades anzukreuzen.
(5) Die Anlagen 1 bis 4 sind Gegenstand dieser Betriebsvereinbarung.

§ 4 Verfahrensweise

(1) Die Mitarbeiterbeurteilung wird für jeden Mitarbeiter erstmals innerhalb des ersten Halbjahres 20xx durchgeführt. Sie wird wiederholt

- alle zwei Jahre, für Mitarbeiter bis zum vollendeten zehnten Beschäftigungsjahr,
- alle drei Jahre, für Mitarbeiter bis zum vollendeten zwanzigsten Beschäftigungsjahr.

Bei Neueintritten findet die Mitarbeiterbeurteilung erstmals nach Ablauf des ersten Beschäftigungsjahres statt.
(2) Abweichend von Absatz 1 kann der Mitarbeiter die Durchführung einer Mitarbeiterbeurteilung dann verlangen, wenn die Voraussetzungen vorliegen, unter welchen er Anspruch auf ein Zwischenzeugnis hat.
(3) Das Beurteilungsgespräch führt der unmittelbare disziplinarische Vorgesetzte. Der Fachvorgesetzte kann, sofern Mitarbeiter und Vorgesetzter dies für sachdienlich halten, beratend hinzugezogen werden.
(4) Auf Wunsch des Mitarbeiters findet das Gespräch in Anwesenheit eines Betriebsratsmitgliedes statt.
(5) Im Falle des § 3 Absatz 4 Satz 1 kann die Personalabteilung vermittelnd eingeschaltet werden. Absatz 3 gilt entsprechend.

§ 5 Auswertung

(1) Die Auswertung erfolgt durch die Personalabteilung. Sie dient ausschließlich der

- Festlegung des Leistungsstandes,
- Einleitung von Personalentwicklungs- und Weiterbildungsmaßnahmen,
- Überwachung der Einhaltung von Zielvereinbarungen.

(2) Der Vorgesetzte benutzt das ausgefüllte Gesprächsformular ausschließlich zum

- Vergleich mit früheren Gesprächsergebnissen,
- Nachhalten der Zielvereinbarungen.

§ 6 Datenschutz

Das ausgefüllte Beurteilungsformular unterliegt dem Datenschutz. Das Original ist für die Personalakte, die Kopie für die Unterlagen des Vorgesetzten bestimmt. Eine weitere Kopie erhält der Mitarbeiter, sofern er dies wünscht.

§ 7 Benachteiligungsverbot

Personalabteilung und Betriebsrat wachen darüber, dass dem Mitarbeiter aus seinen Angaben keine Nachteile erwachsen.

Betriebsvereinbarung Nr. ... /Jahr
§ 8 Geltungsdauer Diese Betriebsvereinbarung löst die geltende Betriebsvereinbarung Nr. xx/Jahr ab. Sie tritt am ... in Kraft. Sie kann von beiden Seiten mit einer Frist von drei Monaten zum Ende eines Quartals gekündigt werden.
Ort, Datum Unterschrift (Arbeitgeber) Unterschrift (Arbeitnehmervertretung)

Tab. 7.2: Muster Betriebsvereinbarung

7.2 Das Allgemeine Gleichbehandlungsgesetz (AGG)

Auch Mitarbeitergespräche werden von dem im August 2006 in Kraft getretenen Allgemeinen Gleichbehandlungsgesetz (AGG) berührt. Das AGG soll vor Benachteiligungen im Arbeitsrecht und im Zivilrecht schützen. Der Schwerpunkt des Gesetzes liegt im arbeitsrechtlichen Bereich und den personalpolitischen Handlungsfeldern, auf die sich die weiteren Ausführungen beschränken. Der arbeitsrechtliche Diskriminierungsschutz (§§ 6 — 18 AGG) reicht von der Stellenausschreibung, über die Durchführung des Arbeits-, Ausbildungs- oder sonstigen Rechtsverhältnisses, bis zu dessen Beendigung und darüber hinaus.

Ziel des Gesetzes (§ 1 AGG) ist es, die Arbeitgeber zu verpflichten, Benachteiligungen ihrer Beschäftigten aus Gründen

- der Rasse,
- der ethnischen Herkunft,
- des Geschlechts,
- der Religion,
- der Weltanschauung,
- einer Behinderung,
- des Alters oder
- der sexuellen Identität

zu verhindern oder zu beseitigen.

Die Anwendungsbereiche des Gesetzes werden in § 2 AGG geregelt. Danach sind Benachteiligungen im arbeitsrechtlichen Bereich unzulässig

- im Zusammenhang mit Einstellungsvorgängen (hiervon ist vor allem das Vorstellungsgespräch betroffen),
- in einem bestehenden Arbeitsverhältnis bei den Arbeitsbedingungen und beim beruflichen Aufstieg,
- bei der beruflichen Berufsbildung einschließlich der Berufsausbildung, der beruflichen Weiterbildung und der Umschulung sowie der praktischen Berufserfahrung,
- bei Entlassungen (ausgenommen sind Kündigungen, für welche die Bestimmungen zum allgemeinen und besonderen Kündigungsschutz weiter gelten).

Das AGG unterscheidet nach § 3 folgende Formen der Ungleichbehandlung (Benachteiligung):

- Eine **unmittelbare Benachteiligung** betrifft Situationen, in denen Mitarbeiter oder Mitarbeiterinnen wegen einem der acht Diskriminierungsmerkmale eine schlechtere Behandlung erfahren als eine andere Person in einer vergleichbaren Situation.
  Beispiel: Ein Student, der sich auf eine ausgeschriebene Stelle als Bedienung bewirbt, wird mit dem Hinweis abgewiesen, dass eine Frau als Bedienung größere Umsätze erzielen würde. Hier liegt eine unmittelbare Benachteiligung aufgrund des Geschlechts vor.

- **Mittelbare Benachteiligungen** betreffen Situationen, in denen Mitarbeiter oder Mitarbeiterinnen durch scheinbar neutrale Kriterien oder Vorgehensweisen in einem oder mehreren der acht Diskriminierungsmerkmale benachteiligt werden.
  Beispiel: Wenn z. B. die überwiegend weiblichen und/oder ausländischen Reinigungskräfte keine Sonderzahlungen erhalten, wie sie sonst an andere Beschäftigte bezahlt werden, kann darin eine mittelbare Diskriminierung wegen des Geschlechts oder der Nationalität liegen.

- Eine **Belästigung** liegt vor, wenn ein unerwünschtes Verhalten bewirkt, dass die Würde einer anderen Person verletzt wird. Als Belästigung zählt auch, wenn ein durch Einschüchterung, Anfeindung, Erniedrigung, Entwürdigung gekennzeichnetes feindliches Umfeld geschaffen wird.
  Beispiel: Mitarbeiter legen einem aus Schwarzafrika stammenden Kollegen regelmäßig Bananen und Kokosnüsse auf den Tisch und überreichen ihm unaufgefordert Prospekte für Flugreisen nach Schwarzafrika mit Hinweise auf Oneway-Tickets.

- Eine **sexuelle Belästigung** ist ein unerwünschtes, sexuell bestimmtes Verhalten, das die Würde einer anderen Person verletzt. Dazu gehören unerwünschte sexuelle Handlungen oder die Aufforderung zu diesen. Zu den Belästigungen zählen auch sexuell bestimmte körperliche Berührungen, Bemerkungen sexuellen Inhalts sowie unerwünschtes Zeigen und sichtbares Anbringen von pornographischen Darstellungen.
  Beispiel: Ein Mitarbeiter legt einer Kollegin unaufgefordert ein Pornoheft auf den Schreibtisch.

- Eine **Anweisung zur Benachteiligung** liegt vor, wenn jemand eine Person zu einem Verhalten veranlasst, das einen Mitarbeiter oder eine Mitarbeiterin wegen eines der acht Diskriminierungskriterien benachteiligt oder benachteiligen kann.

Zu den Beschäftigten zählen nach § 6 AGG

- Arbeitnehmerinnen und Arbeitnehmer
- Auszubildende
- arbeitnehmerähnliche Personen (z. B. Heimarbeiter).

Als Beschäftigte gelten auch Personen, die sich um ein Arbeitsverhältnis bewerben und frühere Mitarbeiter und Mitarbeiterinnen.

Nach § 7 AGG dürfen Beschäftigte nicht wegen einem der in § 1 AGG genannten Gründe benachteiligt werden. Vereinbarungen, die gegen das Benachteiligungsverbot verstoßen, sind unwirksam. Ausnahmen von diesem allgemeinen Diskriminierungsverbot enthalten die §§ 8 — 10.

- Unterschiedliche Behandlungen sind nach § 8 zulässig, wenn dieser Grund wegen der Art der auszuübenden Tätigkeit oder wegen Bedingungen ihrer Ausübung eine entscheidende berufliche Anforderung darstellt (z. B. das Geschlecht bei der Einstellung einer Balletttänzerin).
- Für Religionsgesellschaften und die ihnen zugeordneten Einrichtungen (z. B. ein katholischer Kindergarten) sowie Vereinigungen, die sich die gemeinschaftliche Pflege einer Weltanschauung zur Aufgabe machen, sieht § 9 AGG ebenfalls Ausnahmen vor.
- Altersbedingte Ungleichbehandlungen sind nach § 10 AGG möglich, wenn sie objektiv und angemessen und durch ein legitimes Ziel gerechtfertigt sind.

Die Rechte der Beschäftigten bei unerlaubten Benachteiligungen sind in den §§ 13 — 17 AGG enthalten. Das Gesetz sieht folgende Rechte vor:

- Beschwerderecht (§ 13 AGG)
- Leistungsverweigerungsrecht (§ 14 AGG)
- Schadenersatz (§ 15 AGG)
- Entschädigungsanspruch (§ 16 AGG)
- Maßregelungsverbot (§ 16 AGG)

Hinsichtlich der Verwirklichung der Ziele des AGG ist auch der Betriebsrat eingebunden (§ 17 AGG). Soweit ein Betriebsrat besteht bzw. eine Gewerkschaft im Betrieb vertreten ist, haben diese bei groben Verstößen des Arbeitgebers ein eigenes Klagerecht (§ 17 Abs. 2).

Pflichten des Arbeitgebers

Das AGG weist dem Arbeitgeber in den §§ 11 — 12 bestimmte Organisationspflichten zu. Er muss dafür sorgen, dass die Benachteiligungsverbote durchgesetzt und Benachteiligungen von vornherein unterbunden werden. Das beginnt bereits mit der Stellenausschreibung. Arbeitsplätze dürfen nicht unter Verstoß gegen das Benachteiligungsverbot ausgeschrieben werden (§ 11 AGG). Darüber hinaus ist der Arbeitgeber allgemein verpflichtet, erforderliche Maßnahmen zum Schutz der Beschäftigten vor Benachteiligungen zu treffen. Dazu zählen auch Maßnahmen vorbeugender Art (§ 12 Abs. 1 AGG).

In größeren Betrieben, etwa in solchen, in denen mehr als 50 Arbeitnehmerinnen und Arbeitnehmer beschäftigt werden, müssen zusätzlich zur allgemeinen Unterrichtung Schulungsmaßnahmen über das AGG durchgeführt werden. Insbesondere sind auch alle Führungskräfte zu schulen. Die Teilnahme an dieser Schulung sollte dokumentiert werden. Im Rahmen der beruflichen Aus- und Weiterbildung ist auf die Unzulässigkeit von Benachteiligungen im Sinne des AGG hinzuweisen und darauf hinzuwirken, dass diese unterbleiben. Wenn der Arbeitgeber seine Beschäftigen „in geeigneter Weise“ mit dem Zweck geschult hat, Benachteiligungen zu verhindern, gilt dies als Erfüllung seiner Pflicht. Verstoßen Beschäftigte gegen das Benachteiligungsverbot, hat der Arbeitgeber die im Einzelfall geeigneten, erforderlichen und angemessenen Maßnahmen zu treffen, um dies zu unterbinden. Das Gesetz führt als solche Maßnahmen ausdrücklich Abmahnung, Umsetzung, Versetzung oder Kündigung an (§ 12 Abs. 3 AGG). Werden Beschäftigte in Ausführung ihrer Arbeitspflicht bei Dritten tätig und dort benachteiligt bzw. belästigt (z. B. bei der Auslieferung von Waren oder dem Erbringen von Dienstleistungen), hat der Arbeitgeber das zu unterbinden (§ 12 Abs. 4 AGG). Er hat dazu die erforderlichen und angemessenen Maßnahmen zu ergreifen. Das kann von der Aufforderung an den Dritten auf Unterbindung der Benachteiligungen bis hin zur Kündigung der Vertragsbeziehungen reichen. Den benachteiligten Beschäftigten dürfen durch solche Maßnahmen keine Nachteile entstehen.

Das AGG ist bekannt zu machen. Ebenso ist bekannt zu machen, wo und in welcher Weise sich Beschäftigte beschweren können, wenn es zu Benachteiligungen gekommen ist. Der Arbeitgeber ist verpflichtet, eine sog. Beschwerdestelle einzurichten. Die Bekanntmachungen (von Gesetz und Beschwerdestelle) können durch Aushang oder Auslegung an geeigneten betrieblichen Stellen (z. B. Schwarzes Brett) oder durch den Einsatz der im Betrieb vorhandenen Informations- und Kommunikationstechnik (z. B. Intranet) erfolgen. Das AGG betrifft nahezu alle Bereiche des Arbeitsrechts: von der Mitarbeitersuche, über die Beschäftigungs- und Aufstiegsbedingungen, bis zur Beendigung des Arbeitsverhältnisses und sogar darüber hinaus. Falls noch nicht geschehen, entsteht für den Arbeitgeber umfangreicher Handlungsbedarf. Folgende Bereiche im Unternehmen sollten besonders auf die Einhaltung des AGG überprüft werden:

- Stellenausschreibungen, Vorstellungsgespräche, Antwortschreiben
- Arbeitsverträge
- Betriebsvereinbarungen
- Tarifverträge
- Beförderungen und Versetzungen
- Abmahnungen und Kündigungen
- Beurteilungen und Zeugnisse
- Lohn und Gehalt, Gratifikationen
- Aus- und Weiterbildung
- Urlaubsregelungen

Bei Vorstellungs- und Mitarbeitergesprächen muss darauf geachtet werden, dass sich die Kommunikation auf einer sachlichen Ebene anhand objektiver und nachvollziehbarer Kriterien bewegt. Alle Gesprächsinhalte, die als Indiz für eine Diskriminierung gewertet werden könnten, müssen vermieden werden. Überprüfen Sie Ihre Gesprächsleitfäden auf die vom Gesetz genannten Benachteiligungskriterien. Protokollieren Sie die wichtigsten Gesprächsinhalte und lassen Sie die Gesprächsprotokolle von den Gesprächspartnern unterschreiben. Wie schon angesprochen, sollte aus Beweisgründen am Vorstellungsgespräch eine weitere Person teilnehmen.

Autoren

Wolfgang Mentzel
Professor für Betriebswirtschaftslehre

Prof. Dr. Wolfgang Mentzel ist Professor für Betriebswirtschaftslehre an der Fachhochschule Koblenz. Die Schwerpunkte seiner Lehrtätigkeit liegen in den Bereichen Personal- und Bildungswesen, Management und Rhetorik. Außerdem gibt er regelmäßige Seminare für Füh-rungskräfte zu Personal- und Kommunikationsthemen. Er ist Autor zahlreicher Fachpublikationen.

Svenja Grotzfeld
Dipl.-Kauffrau

Svenia Grotzfeld ist Personalleiterin eines weltweit tätigen Unternehmens in der Medizintechnik.

Christine Haub
Dipl.-Betriebswirtin

Christine Haub arbeit selbstständig als Anbieterin von operativer, externer Personalarbeit sowie in der Personal- und Führungskräfteentwicklung.

Stichwortverzeichnis

Jörg Menno Harms/Wilfried Mödinger (Hrsg.)
Führungs-
perspektiven
Denkanstöße für verantwortliches Handeln
Gesine Schwan
Franz Fehrenbach
Ernst Ulrich von Weizsäcker
Hans Küng
Erwin Teufel
Hasso Plattner
Ekkehard Schulz
Heinrich von Pierer
Anton W. Graf von Faber-Castell
Stefan von Holtzbrinck
Jürgen Hambrecht
Heinz Dürr
Berthold Huber
HAUFE
FührungsPerspektiven
HAUFE